50
formas inteligentes de
preservar o planeta

COMO USAR ÁGUA E ENERGIA SEM DESPERDÍCIO

SIÂN BERRY

A AUTORA

Siân Berry foi candidata à prefeitura de Londres em 2008, pelo Partido Verde, e é uma das fundadoras do movimento Aliança Contra os Jipões Urbanos.

Ocupou um dos dois cargos centrais do Partido Verde até setembro de 2007 e, antes disso, foi coordenadora de campanhas nacionais do partido. Concorreu nas eleições gerais de 2005 pelo distrito de Hampstead and Highgate e fez campanha em sua região por moradia mais acessível e, no plano nacional, para promover a energia renovável e o comércio local.

Após ganhar fama graças às multas de estacionamento fictícias que Siân criou em 2003, a Aliança Contra os Jipões Urbanos é hoje um movimento nacional no Reino Unido. Recentemente, comemorou o fato de ter convencido o prefeito de Londres a propor uma taxa de pedágio urbano mais alta para veículos 4x4, assim como para outros que bebem muita gasolina.

Siân estudou engenharia e trabalhou com comunicação. Essas habilitações lhe propiciaram uma abordagem direta e acessível ao promover questões ambientais, focando no que as pessoas podem fazer para conseguir resultados efetivos e no que os governos devem fazer para tornar acessível a todos a opção por uma vida mais sustentável.

Como porta-voz da Aliança e conhecida figura do Partido Verde, Siân recebeu ampla cobertura de jornais nacionais e internacionais e apareceu em diversos programas de rádio e televisão: do *Today*, da Rádio 4 da BBC, ao *Richard and Judy*. Sua argumentação calma, bem-humorada e persuasiva estimulou um animado debate público sobre os 4x4 e ajudou a colocar mais em evidência a questão ambiental nas políticas públicas.

50
formas inteligentes de preservar o planeta

COMO USAR ÁGUA E ENERGIA SEM DESPERDÍCIO

SIÂN BERRY

Revisão técnica
MARCELO LEITE

PubliFolha

Título do original: *50 Ways to Save Water & Energy*
Copyright do texto © 2008 Siân Berry
Copyright das ilustrações © 2008 Aaron Blecha
Copyright do projeto gráfico © 2008 Kyle Cathie Limited
Copyright © 2009 Publifolha – Divisão de Publicações da Empresa Folha da Manhã S.A.

Esta obra foi publicada originalmente no Reino Unido, em 2008, pela Kyle Cathie Ltd, 122 Arlington Road, Londres NW1 7HP, www.kylecathie.com

Todos os direitos reservados. Nenhuma parte desta obra pode ser reproduzida, arquivada ou transmitida de nenhuma forma ou por nenhum meio, sem a permissão expressa e por escrito da Publifolha – Divisão de Publicações da Empresa Folha da Manhã S.A.

Proibida a comercialização fora do território brasileiro

Coordenação do projeto: Publifolha
Coordenação editorial: Camila Saraiva
Assistência editorial: Adriane Piscitelli e Thiago Blumenthal
Coordenação de produção gráfica: Soraia Pauli Scarpa
Assistência de produção gráfica: Mariana Metidieri

Produção editorial: Estúdio Sabiá
Tradução: Clara Allain
Revisão: Sílvia Carvalho de Almeida e Hebe Ester
Pesquisa de sites brasileiros: Paula Leite
Editoração eletrônica: Carla Castilho | Estúdio

Edição original:
Direção editorial: Muna Reyal
Ilustração e diagramação: Aaron Blecha
Direção da produção: Sha Huxtable
Editora júnior: Danielle Di Michiel

Dados Internacionais de Catalogação na Publicação (CIP)
(Câmara Brasileira do Livro, SP, Brasil)

Berry, Siân
    50 formas inteligentes de preservar o planeta : como usar água e energia sem desperdício / Siân Berry ; revisão técnica Marcelo Leite ; [tradução Clara Allain]. – São Paulo : Publifolha, 2009. – (50 formas inteligentes de preservar o planeta)

    Título original: 50 ways to save water & energy.
    ISBN 978-85-7402-975-7

    1. Ecologia 2. Meio ambiente 3. Proteção ambiental 4. Recursos naturais - Conservação I. Leite, Marcelo. II. Título. III. Série.

08-09248   CDD-304.2

Índices para catálogo sistemático:
1. Consciência ambiental : Ecologia humana 304.2
2. Meio ambiente : Cuidados : Ecologia humana 304.2

PUBLIFOLHA

Divisão de Publicação do Grupo Folha
Al. Barão de Limeira, 401, 6º andar
CEP 01202-900, São Paulo, SP
Tel.: (11) 3224.2186/ 2187/ 2197
www.publifolha.com.br

Impresso na gráfica Amadeus, Itália.

> O HOMEM QUE MOVE
> UMA MONTANHA
> COMEÇA POR
> CARREGAR PEDRINHAS.
>
> **Confúcio**

50 FORMAS INTELIGENTES DE...

Esta série de livros apresenta maneiras simples de tornar sua vida ecologicamente correta em casa, no jardim, no trabalho e na rua, não importa a situação. Cada livro traz 50 dicas práticas e criativas para ajudar a viver com o menor impacto sobre o planeta. A autora procurou incluir técnicas e dicas de várias partes do mundo, empregadas em países diferentes. Por esse motivo, algumas delas podem não ser aplicáveis em algumas regiões, em razão do clima ou da tecnologia; nem por isso deixam de ser extremamente úteis.

Há muitas maneiras de ser ecologicamente correto que não demandam grande investimento de dinheiro, tempo, esforço ou espaço. Além disso, ao economizar energia, gastamos menos com contas como água e luz, e os produtos ambientalmente corretos não precisam ser caros nem de alta tecnologia.

Um jardim de qualquer tamanho pode ser um paraíso natural e produzir vegetais úteis e fáceis de cultivar, o que ajudará você a comprar menos frutas e legumes que viajam longas distâncias. Quem vive nas grandes cidades deve saber como a vida urbana é capaz de oferecer um dos estilos de vida que menos emitem carbono.

Esta série foi escrita por Siân Berry, fundadora do grupo ativista Aliança Contra os Jipões Urbanos. Por meio de suas experiências pessoais, ela mostra como é possível reduzir emissões de carbono, estar à frente da moda e aproveitar a vida sem sacrifícios.

Siân diz: "Ser ecologicamente correto não é desistir de tudo; é usar os produtos de maneira inteligente e criativa para evitar o desperdício. Nestes livros, pretendo mostrar que todos podem desfrutar uma vida mais harmoniosa com o ambiente, sem exageros".

Nota da edição brasileira: Este volume inclui informações e dados relativos ao Brasil, fornecidos pelo jornalista Marcelo Leite, Ph.D.

INTRODUÇÃO

Poupar água e energia soa como uma coisa boa de fazer. Mas por que é tão importante?

Diferentemente de outras coisas que podem ser desperdiçadas, a energia é invisível. Não precisamos colocá-la na lata de lixo para ser recolhida, e a água usada desaparece convenientemente pelo ralo, de modo que não precisamos mais nos preocupar com ela.

Mesmo que não consigamos enxergar o problema, a água e a energia são os recursos mais preciosos do mundo, e desperdiçá-los afeta não só o meio ambiente, mas também os nossos bolsos.

De onde vem nossa água? Quanta água usamos, e para quê? Que fontes de energia estamos usando hoje, e quanto tempo elas vão durar?

Essas são questões importantes. Por isso, antes de mergulhar nos detalhes práticos de como poupar água e energia em nossa vida diária, vamos conferir alguns pontos básicos.

Água

A Terra é repleta de água, porém mais de 99% dela ou é salgada, presente no mar, ou está congelada, nas geleiras e calotas polares. Apenas 0,3% da água do planeta está disponível e pode ser consumida por seres humanos, plantas e animais para sustentar a vida na Terra.

A água doce que consumimos vem em grande parte dos oceanos, de onde evapora, formando nuvens, para acabar caindo sob a forma de chuva. Onde a chuva cai é algo que depende dos padrões meteorológicos. Quando provocamos mudanças climáticas, modificamos esses padrões de maneiras imprevisíveis. Até agora assistimos só a modificações climáticas pequenas; mesmo assim, inundações devastadoras e estiagens graves vêm ocorrendo no mundo, e ambas afetam o suprimento de água.

A economia de água também gera economia de energia. A água que sai da torneira usa energia duas vezes: primeiro para ser limpa e purificada e depois para ser tratada, após descer pelo ralo. Também usamos muita energia para aquecer água em casa, então é ainda mais importante não desperdiçar água quente.

Finalmente, economizar água pode poupar dinheiro. A partir do momento em que você estiver praticando a conservação de água e usando menos que a média das residências, acompanhe a evolução do medidor de consumo, e verá como suas contas vão diminuir.

Energia

A maior parte da energia da Terra vem do calor e da luz do Sol, mas também existe energia em rochas liquefeitas no interior da Terra e nas marés criadas pela gravidade do Sol e da Lua.

No momento, porém, quase toda a energia usada pelos humanos vem de combustíveis fósseis como petróleo, carvão e gás. Esses combustíveis são remanescentes antigos de plantas que viveram e captaram energia do Sol milhões de anos atrás.

A queima de combustíveis fósseis gera dois problemas. O primeiro é que eles não vão durar para sempre. Em pouco tempo não vamos mais conseguir aumentar o ritmo em que bombeamos petróleo das profundezas para satisfazer nossa demanda. As reservas de gás são limitadas, e tampouco os imensos depósitos de carvão espalhados pelo mundo poderão ser extraídos para sempre.

O segundo e mais grave problema é o dióxido de carbono liberado pela queima de combustíveis fósseis. À medida que ele se acumula na atmosfera, vai provocando a elevação da temperatura, graças ao aumento do efeito estufa, e isso já começa a exercer impacto sobre as condições climáticas do planeta.

A ciência climatológica nos diz que nas próximas décadas precisamos reduzir drasticamente as

emissões mundiais de dióxido de carbono, para que as mudanças climáticas não se tornem excessivas. Para que o mundo possa alcançar essa meta, é preciso que os países que mais poluem façam as maiores reduções. Logo, precisamos começar desde já, reduzindo nossa necessidade energética e buscando novas maneiras de obter energia que não liberem dióxido de carbono.

Este livro trata da economia de energia. A que produzimos hoje poderia satisfazer nossas necessidades várias vezes multiplicadas se a utilizássemos melhor, e reduzir seu desperdício custa muito menos que produzir mais energia.

A energia que consumimos pode ser dividida, grosso modo, em três utilizações básicas: um terço nas indústrias, um terço nos transportes e um terço nos lares.

Podemos fazer muito para reduzir a energia consumida nos transportes e, ao comprar com cuidado e empregar nossa influência como consumidores para incentivar as empresas a serem mais ecológicas, também podemos ajudar.

É igualmente importante exercer pressão sobre os políticos, que podem fechar acordos internacionais, traçar políticas energéticas e modificar as normas de funcionamento das indústrias.

Neste livro vou tratar da energia que consumimos em casa. Existem muitas maneiras fáceis de poupar energia em nosso dia-a-dia e, ao fazê-lo, contribuímos realmente para a redução das mudanças climáticas, ao mesmo tempo em que economizamos dinheiro. Afinal, a energia mais barata é aquela que nem sequer precisa ser paga, porque não precisamos mais dela.

POUPAR ÁGUA

A água doce é escassa e preciosa. Mais de 1 bilhão de pessoas não têm acesso a água limpa, e esse número está aumentando. Até 2025, dois terços dos habitantes do planeta poderão ter de enfrentar escassez de água. Muitos deles estarão em países ricos, e não apenas nas regiões tradicionalmente vinculadas a estiagens.

O consumo doméstico médio de água doce chega a centenas de litros por pessoa por dia. Mas o consumo global de água pelo qual somos responsáveis em todo o mundo é mais de 20 vezes maior. Os alimentos e bens que compramos consomem água no caminho que percorrem para chegar até nós, e essa "água oculta" realmente vai se acumulando.

Nosso consumo de água exerce impacto global e pode afetar países, habitats e pessoas para os quais falta água. O capítulo sobre a água oculta vai lhe mostrar como você pode reduzir o impacto sobre os recursos hídricos globais dos bens e alimentos que adquire.

A água que usamos em casa exerce o maior impacto sobre os recursos hídricos. Não é fácil transportar água de outras regiões, e, diferentemente do que ocorre com o óleo usado para energia, nada pode substituir a água limpa depois de ela ter sido poluída ou derramada no mar.

Na primeira seção deste livro vou falar de maneiras simples e inteligentes de poupar água, usando-a melhor em casa e consumindo com mais consciência.

Existe uma finalidade para a qual evidentemente não devemos economizar água: quando a tomamos. Para viver com saúde é preciso beber muita água fresca. Devemos todos tomar mais água, e não menos.

HIGIENE PESSOAL

Você talvez imagine que o vaso sanitário é a maior fonte de desperdício de água numa casa, mas, na realidade, ele vem em segundo lugar.

A água que usamos para lavar as mãos, escovar os dentes e tomar banho consome cerca de um terço da água gasta numa casa.

Essas atividades também são grande fonte de desperdício. Uma torneira aberta faz escorrer pelo ralo 20 litros de água por minuto. Existem maneiras muito simples de economizar água, usando torneiras melhores e modificando nossos hábitos quando nos lavamos.

# TOME BANHO DE CHUVEIRO

A banheira média usa até 100 litros de água, enquanto uma chuveirada rápida consome apenas 30 litros. Portanto, tomar banho de chuveiro é um modo fácil de economizar água diariamente.

Você pode economizar energia usando painéis solares para aquecer a água do banho, mas tomar banho de banheira ainda é um grande desperdício de água. Deixe a banheira para ocasiões especiais (por exemplo, o dia em que você retorna de uma viagem em que acampou), porém, no dia-a-dia, opte pelo banho de chuveiro.

COMPRE UM CHUVEIRO NOVO 2

Muitas pessoas instalam chuveiros de pressão em suas casas. São chuveiros que usam uma bomba elétrica para aumentar o fluxo de água. Passe alguns minutos a mais sob um desses chuveiros e você pode acabar gastando a mesma quantidade de água que usaria num banho de banheira.

Seja qual for o tipo de chuveiro, você ainda poderá poupar mais da metade da água que ele gasta e tomar um banho igualmente prazeroso, simplesmente trocando o modelo.

Um chuveiro de aeração mistura ar ao fluxo de água para manter a pressão em nível alto mas reduzindo o consumo. As bolhas criam um efeito agradável e multiplicam por quatro a quantidade de água em contato com seu corpo.

3 VERIFIQUE AS TORNEIRAS

É desnecessário dizer que torneiras que vazam devem ser consertadas imediatamente.

A quantidade de água desperdiçada dessa maneira pode surpreender. Mesmo um vazamento que goteja apenas uma vez por segundo perfaz mais de 15 mil litros de água perdidos por ano. Nesse mesmo período, um vazamento fino e contínuo pode fazer 100 mil litros de água escorrerem pelo ralo.

Lavar as mãos sob um jato forte de água é outra maneira de desperdiçar muito, porque a quantidade de água que efetivamente limpa suas mãos é uma parcela minúscula da que sai da torneira.

A pressão da água no encanamento empurra até 20 litros de água por minuto por uma torneira totalmente aberta, mas é possível lavar as mãos igualmente bem num jato de 6 litros por minuto. Procure lavar as mãos com a torneira parcialmente aberta, e você verá que isso é verdade.

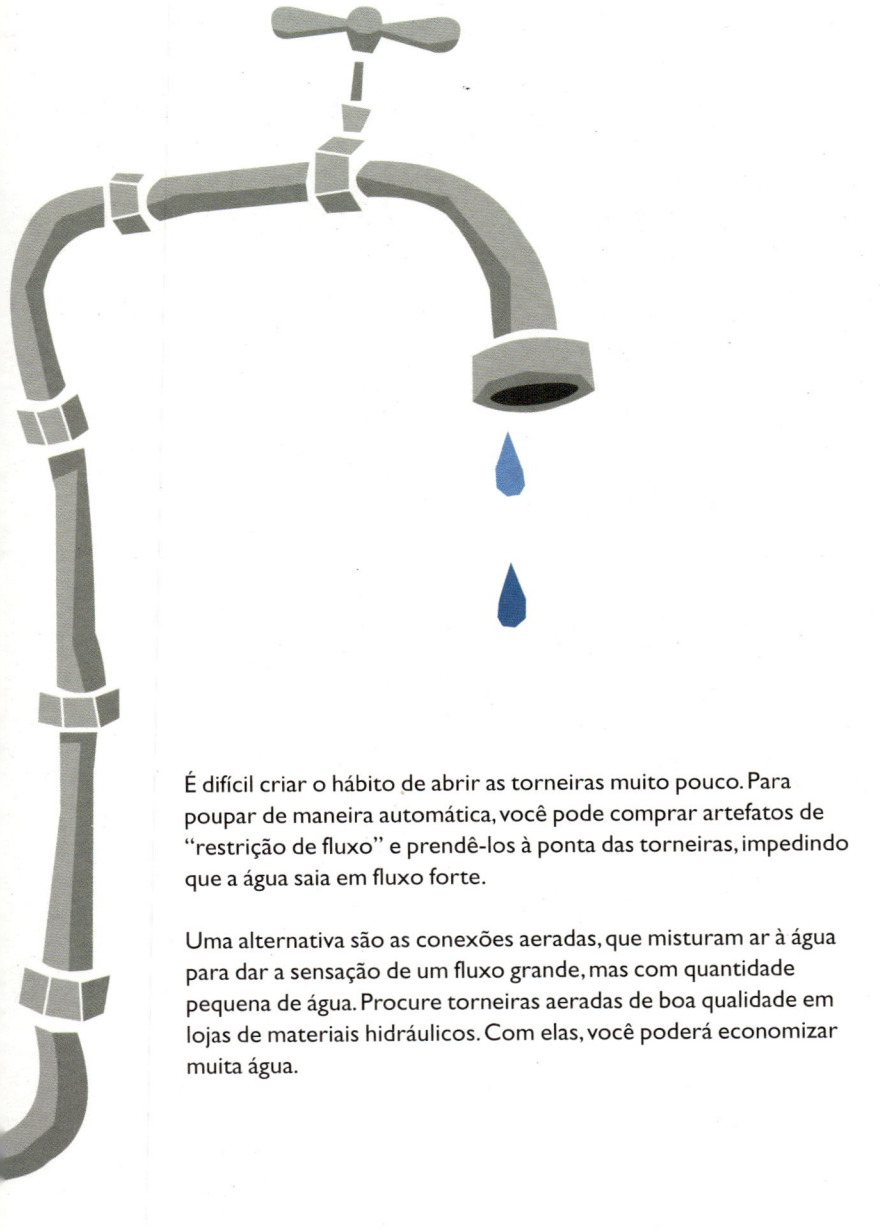

É difícil criar o hábito de abrir as torneiras muito pouco. Para poupar de maneira automática, você pode comprar artefatos de "restrição de fluxo" e prendê-los à ponta das torneiras, impedindo que a água saia em fluxo forte.

Uma alternativa são as conexões aeradas, que misturam ar à água para dar a sensação de um fluxo grande, mas com quantidade pequena de água. Procure torneiras aeradas de boa qualidade em lojas de materiais hidráulicos. Com elas, você poderá economizar muita água.

POUPAR ÁGUA NA DESCARGA

Ninguém ficará surpreso ao saber que a descarga é responsável por mais de 30% do consumo residencial de água. Cada um de nós a aciona mais de mil vezes por ano. Portanto, prestar atenção à água consumida pela privada é algo que pode gerar grande economia.

Embora deixar de dar a descarga não seja uma opção viável (a não ser que você queira aderir à máxima "se é da cor amarela, deixe ficar na panela"), existem à venda muitos produtos novos para reduzir a água usada a cada vez que se aciona a descarga.

E o vaso sanitário jamais deve ser usado como lixeira. Jogar na privada qualquer coisa além de excreções corporais e papel higiênico não é apenas um desperdício de água. Outros objetos podem causar entupimentos. Ou podem ser levados até os rios e o mar, onde representam um perigo para a fauna e terminam por emporcalhar as praias.

Esparadrapos, cotonetes, lenços umedecidos, camisinhas, lentes de contato e artigos higiênicos devem ser embrulhados e colocados no lixo, não na privada.

4 A MELHOR DESCARGA

Os vasos sanitários variam muito quanto à quantidade de água que usam em cada descarga. Os modelos anteriores à década de 1950 podem usar até 13 litros. Já as caixas acopladas modernas comportam apenas 6 litros de água.

As privadas mais modernas também contam com uma opção de descarga dupla, com um botão menor a ser acionado quando há menos conteúdo a ser eliminado. A opção de meia descarga usa metade da água de uma descarga plena; logo, use esse botão sempre que possível.

MEIOS DE POUPAR ÁGUA 5

O que quer que você faça, não siga o velho conselho de colocar um tijolo na caixa de descarga. Com o tempo, o tijolo se quebrará e soltará partículas abrasivas que podem danificar o mecanismo e até mesmo provocar vazamentos catastróficos.

Em países europeus, se o vaso sanitário for do tipo grande e antigo, pode-se poupar 1 litro de água ou mais a cada descarga equipando a caixa acoplada com um artefato moderno de economia de água, feito de plástico.

Esses objetos vêm em diversos formatos. O mais simples, conhecido como Hippo, é nada mais que um recipiente de plástico duro que fica em pé na caixa de descarga, retendo parte da água quando a caixa é esvaziada.

Você pode improvisar seu próprio dispositivo de economia, enchendo de água uma garrafa plástica de um litro, fechando bem a tampa e colocando-a na caixa acoplada. Não deixe bolhas de ar na garrafa, senão ela poderá boiar.

6 CONSERTE O VASO QUE VAZA

Vazamentos entre a caixa da descarga e o vaso sanitário propriamente dito podem aumentar o desperdício de água. Se o vazamento for grande, você verá um fio constante de água escorrendo pela parte de trás do vaso.

Vazamentos menores podem ser identificados através de um trabalho simples de detetive. Coloque algumas gotas de corante alimentício na caixa da descarga. Se, após uma ou duas horas, a cor aparecer dentro do vaso sanitário, você saberá que há um vazamento e que é preciso chamar o encanador.

"ÁGUA CINZA" NA DESCARGA 7

É preciso muito esforço para produzir água limpa e potável. Muitos processos diferentes que consomem energia e substâncias químicas são realizados nas estações de tratamento, mas apenas 4% da água doce usada nas residências, em média, é bebida ou utilizada para cozinhar. A maior parte é empregada em finalidades para as quais ela não precisaria ser potável.

"Água cinza" é o termo usado para designar água de chuva ou que já foi usada previamente em tarefas como lavagem de roupa. Ela pode ser utilizada para finalidades que não requerem água limpa, como a descarga. Sistemas de uso de água cinza já são obrigatórios nas casas novas construídas em algumas regiões da Alemanha.

Os sistemas de uso de água cinza no lar podem variar de um simples tanque de coleta de água das pias para ser usada nas descargas, até sistemas plenamente integrados de coleta, tratamento e canalização de água da chuva e água cinza.

No futuro, maneiras sofisticadas de reutilizar água cinza no lar serão embutidas nas casas novas. Se você estiver construindo uma casa ou simplesmente reformando seu banheiro, descubra se pode aproveitar a água cinza de alguma maneira. A substituição de apenas uma parte da água limpa usada na descarga do vaso sanitário já pode representar uma grande economia.

O lugar mais fácil de reutilizar água cinza é na parte externa da casa. Veja mais detalhes na seção que trata de como poupar água no jardim.

NA LAVANDERIA

Se você não tem máquina de lavar em casa, mas lava as roupas em lavanderias comerciais, ponto para você! Já está comprovado que as lavanderias usam dois terços menos água por pessoa que as máquinas de lavar individuais em cada residência.

As razões disso incluem o fato de que ter uma máquina em casa nos incentiva a usá-la com mais freqüência, lavando menos roupa a cada vez. Além disso, as máquinas das lavanderias costumam ter manutenção melhor e ser mais eficientes no uso de água e energia.

Eu lavo minhas roupas na lavanderia de meu bairro, principalmente por falta de espaço e por não querer me dar ao trabalho de instalar uma lavadora em meu apartamento. Com isso, lavo minha roupa apenas uma ou duas vezes por semana, sendo que as lavadoras domésticas são usadas para 270 ciclos anuais de lavagem, em média – o equivalente a mais de um ciclo por dia útil. Acho que, no longo prazo, vou poupar dinheiro também: em minhas casas anteriores, o conserto das máquinas de lavar custava caro, e já passei por mais de um incidente incômodo em que minha área de serviço foi inundada.

Mas a opção da lavanderia não é a melhor para todos. Se você tem família grande e precisa lavar roupas com mais freqüência, faz sentido ter lavadora em casa. E sempre haverá maneiras de poupar água escolhendo a lavadora certa e usando-a bem.

8 LAVADORAS ECOLÓGICAS

Todas as lavadoras britânicas têm um indicador de consumo de energia exposto na loja. Isso dá idéia de sua eficiência energética e indica qual é seu consumo de água.

As lavadoras mais antigas usavam até 100 litros de água por ciclo de lavagem, mas a média das máquinas novas é de cerca de 50 litros, e as melhores às vezes consomem apenas 30 litros por lavagem.

O selo European Eco certifica que a lavadora poupa água e energia e que foi fabricada de maneira menos agressiva ao meio ambiente. A classificação A no ciclo de centrifugação de uma lavadora significa que suas roupas sairão da lavagem muito mais secas, evitando a necessidade de secadora e acelerando a secagem no varal.

Tecnologias como essas estão se disseminando rapidamente para outros países, como o Brasil.

ENCHA TODA A LAVADORA 9

O consumo de água indicado no rótulo de energia é um bom exemplo da água que você poderá poupar comprando uma lavadora ecológica. Mas isso só vale de fato se você encher a lavadora ao máximo em cada utilização, reduzindo também a quantidade de água usada por peça de roupa.

Nas lavadoras modernas, as roupas não precisam de espaço para "respirar". Na verdade, você só terá os benefícios plenos da máquina, os que lhe valem a classificação A, se enchê-la completamente de roupa a cada vez. Lavar quantidades menores de roupa e pressionar o botão de meia carga poupa apenas um quarto da água e da energia de um ciclo completo, de modo que não é uma opção real em termos de economia de água. É muito melhor esperar até ter uma carga completa de roupa para lavar.

Veja a dica número 41 para saber mais por que é recomendável encher a lavadora completamente.

10 USE SABÃO ECOLÓGICO

Todos os detergentes contêm moléculas que atraem água em uma extremidade e gordura na outra. É assim que eles ajudam a extrair a sujeira de suas roupas.

A maioria dos sabões em pó contém detergentes feitos de substâncias petroquímicas derivadas de petróleo, além de vários outros produtos químicos que incluem perfumes, alvejantes e enzimas. Não existe nenhum requisito legal de que esses ingredientes todos sejam biodegradáveis, de modo que grande quantidade de produtos químicos e aditivos acaba sendo despejada em nossos rios, onde podem afetar a fauna e a flora.

Em lugar de optar por sabões em pó das marcas mais conhecidas, procure produtos feitos de fontes renováveis, como plantas, e que sejam inteiramente biodegradáveis. Esses produtos funcionam tão bem quanto as marcas que têm publicidade maior, e usá-los vai ajudar a poupar água doce para outras finalidades mais úteis.

LAVAGEM DE LOUÇA

A decisão de lavar a louça na pia ou em máquina de lavar louça é difícil. Eu já fiz as duas coisas quando morei em casas diferentes e, em vista da quantidade enorme de água que ouvia sendo agitada na lavadora de louças (e das nuvens de vapor que saem no final do processo), pensei durante muito tempo que lavar a louça à mão fosse melhor para o planeta.

Mas a tecnologia avançou, e hoje as melhores lavadoras de louça usam menos água do que é gasta no método mais habitual de lavagem manual: possivelmente apenas 16 litros de água contra os 40 gastos para lavar à mão a louça de uma dúzia de pessoas numa refeição. Se você prefere não molhar as mãos, já existem muitas lavadoras de louça ecológicas entre as quais escolher.

É claro que os recursos gastos pela máquina não são os únicos que devem ser levados em conta. Muita energia e muita água são dispersas no processo de manufatura e transporte das lavadoras de louça até as lojas. Logo, se você mantiver em mente alguns princípios ecológicos quando lavar a louça manualmente, poderá economizar mais.

11 LAVE A LOUÇA COM ECOLOGIA

Não use água muito quente. Isso prejudica não apenas o planeta, mas também suas mãos, além de criar o risco de rachar seus copos. Gosto de copos coloridos e antigos. Já perdi vários por submetê-los descuidadamente a temperatura elevada.

Resista ao impulso de enxaguar tudo sob a torneira aberta continuamente. Mesmo um fluxo de água relativamente pequeno desperdiça 5 litros por minuto, reduzindo significativamente os benefícios da lavagem manual. Use detergente ecológico, e haverá menos resíduos tóxicos a enxaguar, o que pode ser feito com uma cuba cheia de água limpa.

Se achar que o enxágüe é essencial, espere até ter empilhado toda a louça e então derrame bem devagar alguns copos de água limpa sobre tudo. Com isso, usará muito menos água do que se deixasse a torneira aberta por meia hora enquanto enxágua as peças uma a uma.

LAVADORA DE LOUÇA CHEIA 12

Assim como acontece com as lavadoras de roupa, a eficácia das lavadoras de louça é maior quando elas são acionadas com uma carga completa de louça suja. Junte cada xícara ou prato sujos antes de ligar sua máquina, e você aproveitará ao máximo suas características ecológicas.

E nunca lave nada duas vezes. Enxaguar todos os pratos debaixo da torneira antes de colocá-los na máquina de lavar louça é uma maneira garantida de desperdiçar água. Em lugar disso, simplesmente coloque os restos de comida no lixo (o ideal seria colocá-los em seu recipiente de compostagem) antes de carregar a máquina.

A COZINHA

Mesmo que você seja o ambientalista mais engajado do mundo, não há necessidade de economizar água reduzindo a quantidade que você toma ou diminuindo a quantidade de água nos alimentos.

Mas muita água é desperdiçada na cozinha durante o processo de preparo das refeições. Boa parte desse desperdício pode ser evitada sem dificuldade, e essas dicas podem até ajudar a melhorar o sabor da comida, além de evitar a perda de vitaminas e outros componentes saudáveis.

13 LAVE VERDURAS NUMA TIGELA

Além da necessidade de remover terra e outros tipos de sujeira, a presença de resíduos químicos sobre as frutas e as verduras significa que muitos ingredientes devem ser lavados antes de ser cozidos.

Já sabemos que uma torneira aberta pode desperdiçar 100 litros de água em poucos minutos. Assim, escovar um saco de batatas debaixo da torneira pode desperdiçar uma quantidade enorme de água potável.

A melhor maneira de lavar legumes, verduras e frutas é num recipiente com água, e não sob a torneira. No caso da alface, do repolho e outras verduras, isso significa que muito mais água entra nos espaços entre as folhas, limpando-as efetivamente bem melhor do que um rápido enxágüe sob água corrente.

Com uma centrífuga manual para secar folhas, você terá saladas limpas e saudáveis sem despejar quantidades enormes de água pelo ralo.

REUTILIZE A ÁGUA 14

Reutilizar a água na cozinha garante pouca economia, mas a prática traz outros benefícios. A água usada para ferver legumes ou cozinhá-los no vapor contém muito sabor, além dos benefícios das vitaminas solúveis que escapam durante o cozimento; portanto, não a jogue fora. Esse caldo básico de legumes pode ser empregado no preparo de sopas ou cozidos e vai melhorar o sabor de outros pratos que você esteja cozinhando ao mesmo tempo.

Também é possível ferver mais de um alimento na mesma panela. Experimente colocar ovos para cozinhar junto com ervilhas, a fim de poupar espaço no fogão, sem falar na água e na energia necessárias para fazer ferver uma panela adicional.

15 NO VAPOR É MELHOR

Ferver legumes numa panela grande não é uma utilização recomendável de água, nem muito saudável. Vitaminas e minerais essenciais ficam na água, e a textura de verduras fervidas em excesso não é muito apetitosa.

Hoje, o repolho cozido ao vapor que eu detestava na infância é um de meus pratos preferidos, graças às minhas travessas especiais de bambu. Com elas, ficou realmente fácil cozinhar legumes no vapor. Praticamente não escapa água alguma, de modo que não é preciso ficar muito atenta. Posso empilhar ingredientes diferentes em diversas travessas de bambu, cozinhando-os ao mesmo tempo e também economizando espaço no fogão.

A textura e o sabor de batatas cozidas no vapor é tão melhor que a das batatas fervidas, que hoje eu não voltaria a ferver meus legumes nem que me pagassem para isso.

Verduras e legumes cozidos no vapor são mais saudáveis. O brócolis fervido na água ou cozido no microondas perde a maior parte dos antioxidantes benéficos que contém, mas quase 90% são conservados com o cozimento no vapor.

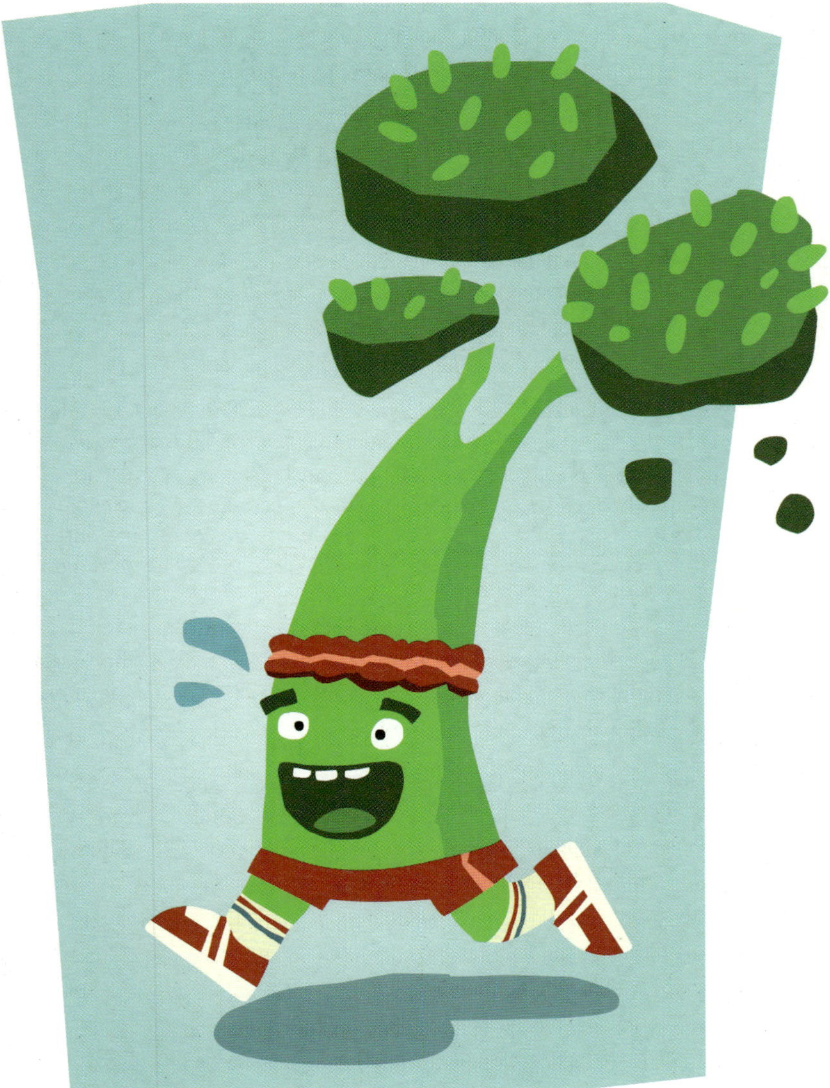

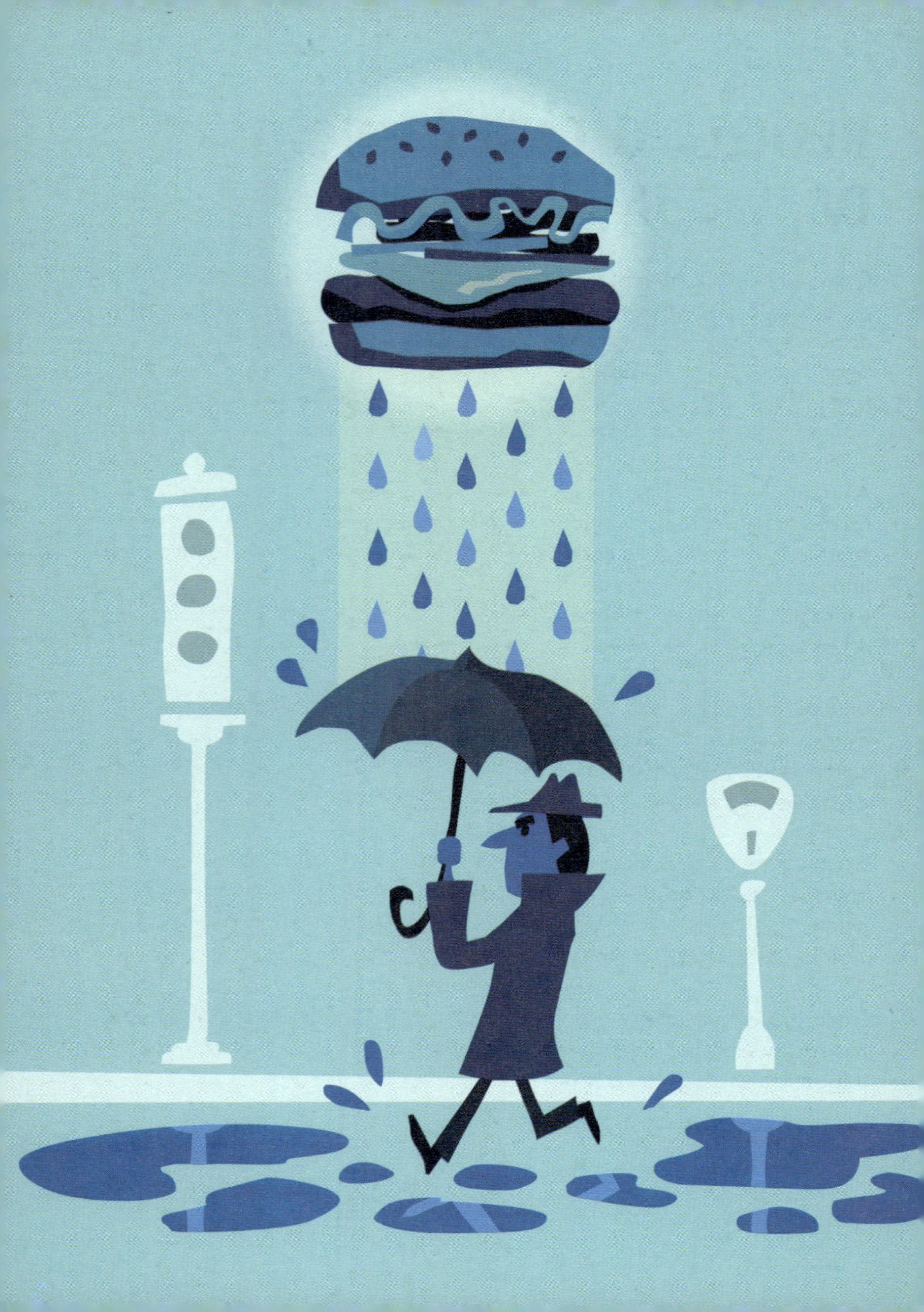

REDUZA O DESPERDÍCIO DA "ÁGUA OCULTA"

Quase tudo o que compramos ou consumimos usa água doce em sua produção. O impacto dessa "água oculta" freqüentemente não é sentido perto de nós, mas se estende pelo mundo afora. Ao comprar produtos feitos de algodão do Egito, os europeus estão, na prática, importando água do rio Nilo. E, em alguns países africanos, a irrigação de rosas cultivadas para exportação vem gerando escassez de água para a população.

A produção de alimentos é o que mais consome água. Apenas uma pequena parcela das plantações é irrigada artificialmente com a água de rios e reservas do subsolo, mas 70% da água doce consumida em todo o mundo é dedicada a esse fim. São necessários cerca de 1.000 litros de água para produzir 1 quilo de trigo, e uma única xícara de café pode deixar uma "pegada" de água de 140 litros. A produção de carne requer uso intensivo de água.

Outros tipos de produto, como automóveis e geladeiras, não são fontes evidentes de desperdício de água, mas, em muitos países industrializados, a quantidade de água extraída de rios e lençóis freáticos para uso em fábricas e residências é maior que a utilizada na agricultura.

O comércio de água oculta não é medido cuidadosamente como o das emissões de dióxido de carbono, mas estudos indicam que é enorme: nada menos que 1 quatrilhão de metros cúbicos de água fluem através do mundo a cada ano em produtos comercializados.

É difícil saber quanta água oculta você pode poupar através de mudanças de hábitos, mas existem algumas medidas fáceis que podem ser tomadas e que irão sem dúvida alguma fazer diferença.

16 POUCA ÁGUA NOS PRODUTOS

Não é tão simples quanto pode parecer. O fato de um artigo específico ter sido feito com muita água, ou não, depende de como e onde foi produzido. Logo, seria muito complicado traçar uma lista dos "melhores produtos". Mas, a fim de economizar água, existem alguns princípios básicos que podem ajudar a simplificar as escolhas.

Plantas cultivadas em suas estações naturais requerem menos regas artificiais; portanto, têm um consumo de água muito menor. A prática da agricultura orgânica poupa água, porque é preciso muita água para diluir e aplicar pesticidas e fertilizantes em cultivos não orgânicos.

Diferentes variedades dos mesmos alimentos também diferem em suas necessidades de água. Por exemplo, no Reino Unido as batatas do tipo Desirée são uma opção melhor que as Maris Piper, que requerem mais água para produzir uma boa safra.

É muito difícil medir a água oculta dos produtos industrializados, como roupas e outros. Reduzir o número de produtos que você compra, consertá-los para que durem mais tempo, reciclar ou reutilizá-los, tudo isso ajuda a reduzir o gasto de água oculta.

Ao tomar cuidado com o volume de material enviado aos aterros sanitários, você também estará preservando recursos naturais e energia. Assim, é agradável saber que poderá acrescentar a economia de água à longa lista de benefícios de um estilo de vida que favorece o meio ambiente e rejeita o desperdício.

SEJA MAIS VEGETARIANO 17

Algo que sem dúvida alguma gasta mais água do que o necessário é a criação de animais para o consumo de carne.

Comparando 1 quilo de cada tipo de alimento, a carne bovina usa 15 vezes mais água para ser produzida do que o trigo, em função não apenas da água que os animais tomam, mas também das plantações de grãos para alimentar o gado. Assim, o consumo de água para produzir um hambúrguer de carne bovina é de nada menos que 2.400 litros.

Se você não quiser abrir mão da carne por completo, tornar-se "semivegetariano" é surpreendentemente fácil, além de saudável. Estudos indicam que a dieta vegetariana geralmente tem teor mais baixo de gordura e mais alto de vitaminas e outros nutrientes, quando comparada à dieta que inclui a carne. Os vegetarianos passam menos tempo hospitalizados que os carnívoros e sofrem menos de doenças cardíacas, pressão alta e doenças intestinais.

Não sou completamente vegetariana, mas, ao longo dos anos, acrescentei muitos pratos vegetarianos e "vegan" (sem nenhum produto de origem animal) às refeições que preparo. Quando faço refeições fora de casa, procuro evitar a carne produzida para o consumo de massa. Assim, meu consumo de carne é muito pequeno. Há semanas em que não como carne alguma.

Sei que isso é melhor para mim e também para o ambiente, já que poupa água e energia. Além disso, me leva a comer alimentos mais interessantes.

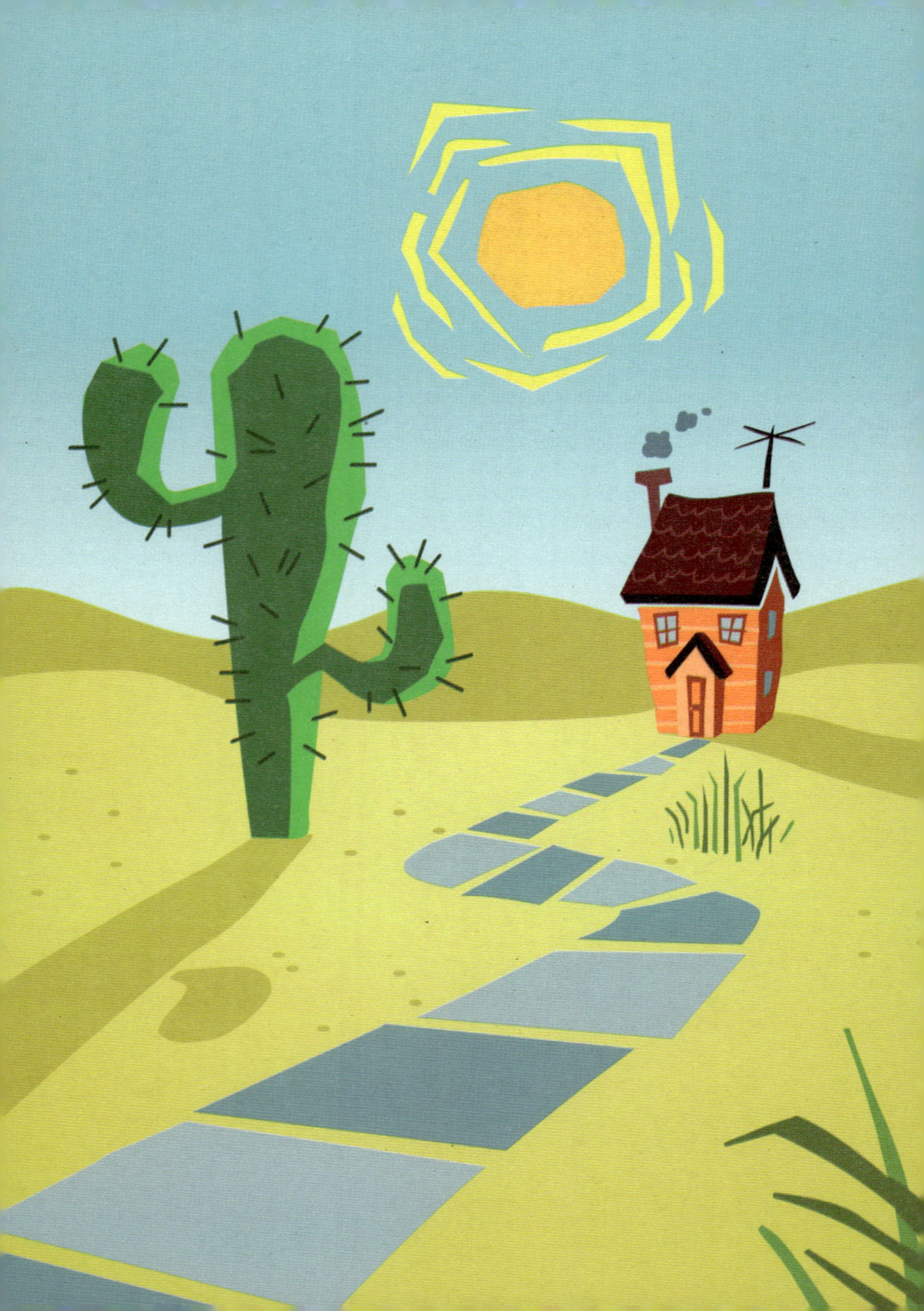

POUPAR ÁGUA NO JARDIM

A água utilizada no jardim representa, em média, 7% do consumo total das residências britânicas. Mas, no calor do verão, essa quantidade sobe para mais da metade. As dicas apresentadas aqui, no entanto, servem para qualquer país.

Além do fato de que não faz sentido tentar manter um gramado verde durante uma estiagem (de qualquer maneira, ele se recuperará rapidamente quando a estiagem terminar), é possível ter um jardim lindo sem depender do uso de grande quantidade de água vinda diretamente da torneira.

Escolher suas plantas com cuidado, coletar a água da chuva e fazer uso da água cinza da residência são maneiras de reduzir a quantidade de água da torneira que é necessária, sem diminuir o prazer que seu jardim lhe proporciona. Na verdade, um jardim preparado para suportar estiagens pode lhe dar muito menos trabalho.

18 PLANTAS SEM "SEDE"

A opção por variedades de grama que precisem de menos regas pode ajudar seu gramado a sobreviver a uma estação seca.

Para seus vasos e bordas dos canteiros, escolha plantas que não precisem de muitas regas. Procure espécies com folhas pequenas e "peludas", além de arbustos com caules lenhosos.

Alguns legumes precisam de muita água; é o caso de tomates e berinjelas. Escolha plantas que têm menos "sede", como ervilhas ou espinafre, ou ensaque seus tomates, o que os ajudará a reter a água.

E não se esqueça de proteger suas plantas com palha ou folhas secas em volta das raízes. Uma camada de pedregulho, casca de árvores, composto fibroso ou folhas decompostas ajuda a reduzir a evaporação do solo e a necessidade de mais água.

Quando for preciso regar suas plantas, use um regador no lugar da mangueira, que pode despejar centenas de litros em minutos. Aplique a água às raízes das plantas, e não às folhas, e preste atenção à hora de regar. Os melhores horários são no início da manhã ou após o pôr-do-sol. Com isso, a umidade terá tempo de penetrar no solo antes de evaporar sob a ação do sol.

USE ÁGUA DA CHUVA 19

Qualquer especialista em jardinagem lhe dirá que flores e vegetais preferem a água da chuva à da torneira; portanto, você lhes fará um favor se colocar um tanque de coleta de água debaixo da calha, para recolher parte das dezenas de milhares de litros de água que caem sobre seu telhado todos os anos.

Para coletar ainda mais água, vários tanques podem ser interligados para que possam ir se enchendo sucessivamente.

Coloque o tanque sobre um apoio para que você possa pôr um regador debaixo da torneira. Deixe seu tanque de água sempre tampado, para garantir a segurança das crianças e impedir a deposição de ovos de mosquitos e a conseqüente proliferação de larvas (no Brasil, todo cuidado é pouco, por exemplo, com o mosquito que transmite a dengue). Finalmente, você também pode ajudar a impedir a proliferação de insetos colocando bolas ou lascas de poliestireno boiando na superfície da água.

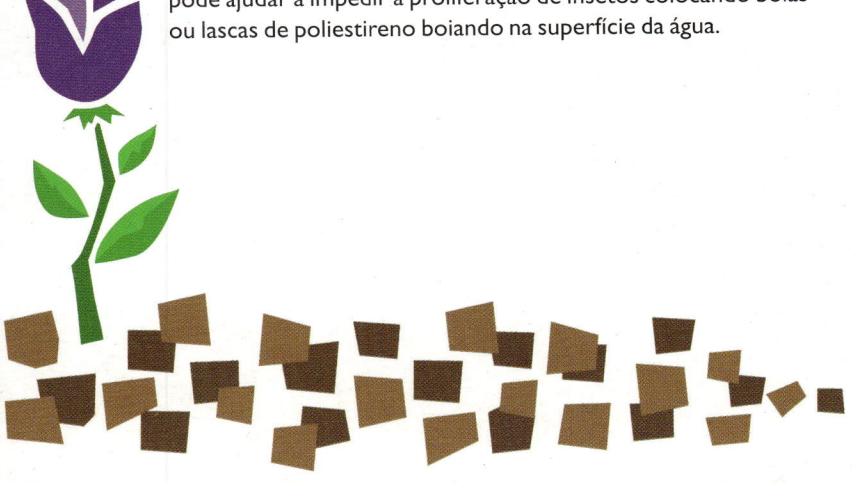

20 APROVEITE A ÁGUA CINZA

A água cinza usada na lavagem de louça e no chuveiro pode ser reciclada para uso no jardim, garantindo uma economia ainda maior.

A água cinza não traz riscos ao jardim, mas é aconselhável não usá-la nas plantas que você cultivou para comer. E, para evitar a proliferação de bactérias indesejáveis, nunca guarde água cinza em seu tanque de coleta de água.

É fácil recolher a água cinza do chuveiro. Simplesmente coloque um balde perto de seus pés, para que ele receba os pingos.

Se você ainda toma banhos ocasionais de banheira, poderá comprar um *kit* adaptador para converter seu cano de vazão numa saída que leve a água até o jardim. Se o uso de mangueiras for proibido na área em que você vive, divirta-se explicando a quem perguntar que não está infringindo a lei, apenas regando as plantas com água do banho.

A água usada para lavar a louça também pode ser utilizada no jardim, desde que você primeiro remova os restos de alimentos. Coe a água para um balde, e ela estará pronta para ser servida às plantas sedentas do jardim.

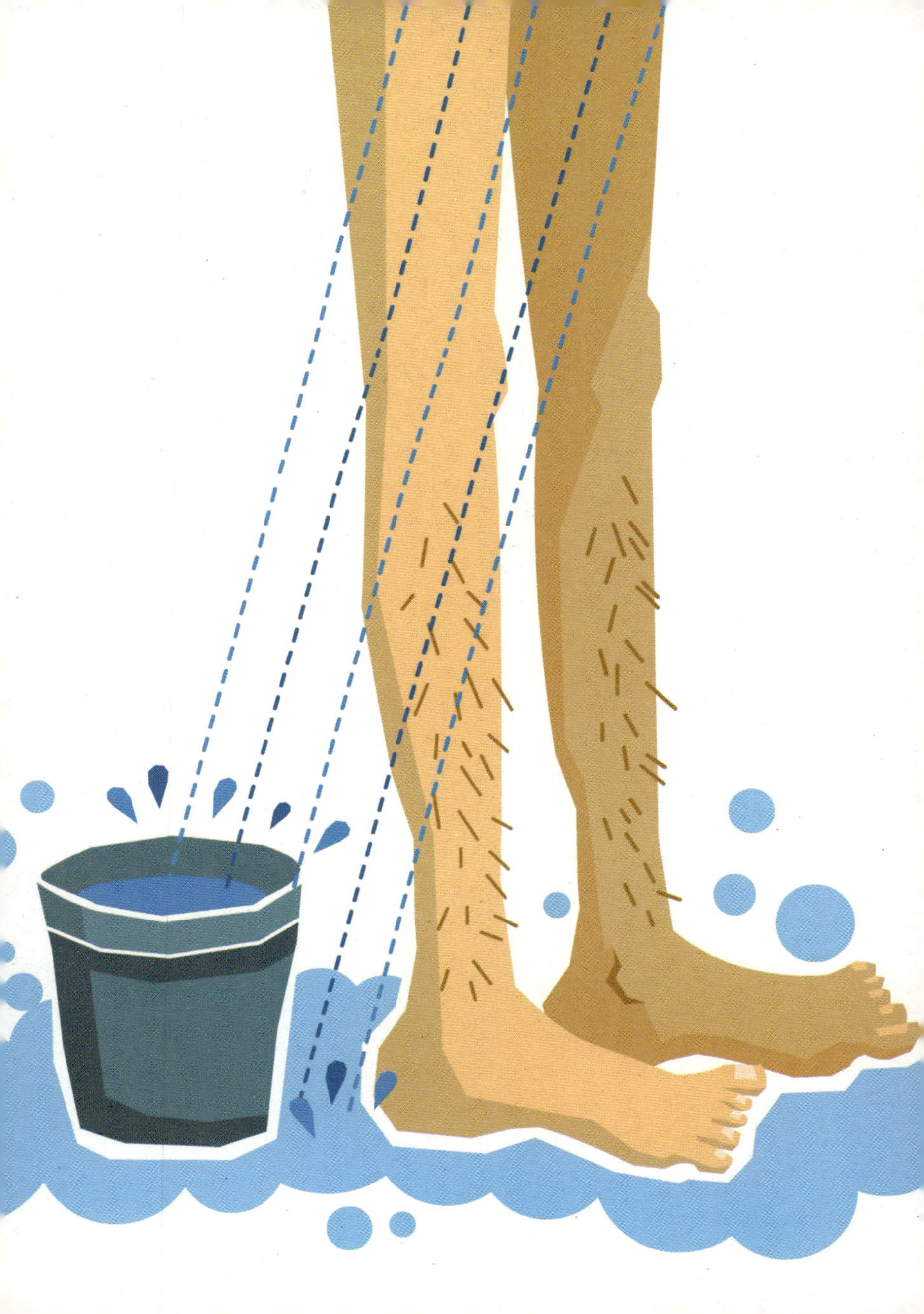

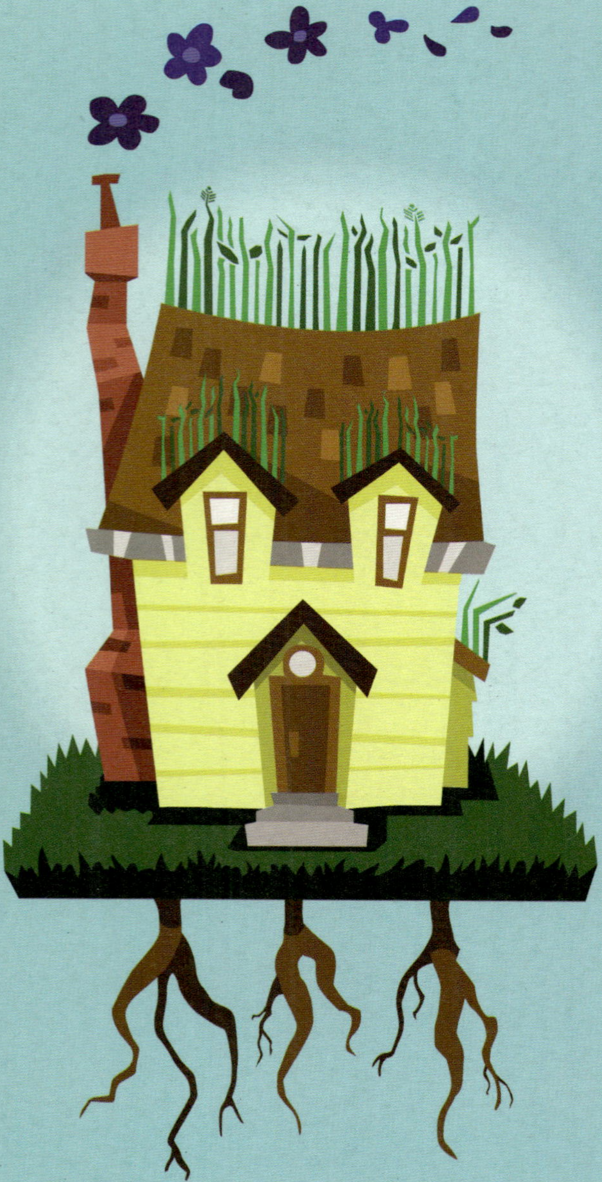

CASAS QUE POUPAM ÁGUA

Imagine uma casa que não contenha nada verde em seu interior ou à sua volta. Sem vasos ao lado da porta, sem cerca-viva na frente, sem árvores nas ruas, os cômodos em seu interior sem plantas e um jardim contendo apenas pedras e concreto. Não é uma perspectiva convidativa, certo?

O desejo de viver ao lado de vegetação nos é inato, mas nossas cidades estão pouco a pouco perdendo suas plantas. As árvores nas ruas são vistas como responsáveis por sujeira e afundamento das calçadas, e, atendendo às ordens de seguradoras e autoridades cautelosas, vêm sendo derrubadas aos milhões. Os jardins da frente das casas são pavimentados para possibilitar o estacionamento de veículos, e os de trás dão lugar a deques e áreas pavimentadas, que requerem pouca manutenção.

Esse processo de "desverdeamento" de nossas cidades não apenas as torna menos agradáveis, mas também as converte em lugares menos saudáveis para viver e mais suscetíveis aos efeitos de condições meteorológicas extremas, como chuvaradas fortes e ondas de calor.

O verde urbano apresenta muitos efeitos benéficos:
- Limpa o ar, ajudando a eliminar gases tóxicos e partículas poluentes.
- Resfria o clima, reduzindo o efeito das "ilhas de calor" urbanas.
- Fornece um habitat para insetos e pássaros.
- Acrescenta variedade e beleza à paisagem, com a mudança das estações.
- E, o que é mais importante para este livro, absorve as chuvas fortes, reduzindo o risco de inundações.

O plantio de árvores em volta de uma edificação pode reduzir suas necessidades energéticas em até 25%, por gerar sombra no verão e permitir a passagem de luz no inverno.

Ao manter a área em volta de sua casa rica em vida vegetal, você ganhará mais do que apenas uma gestão melhor dos recursos hídricos.

21 CRIE UM TELHADO VIVO

Conhecidos também como telhados "verdes" ou "marrons", os telhados vivos podem ser desde alguns centímetros de solo que possibilitem o crescimento de musgos e líquens, até jardins completos plantados sobre telhados.

Em virtude da área imensa de espaço não utilizado nos telhados das cidades, a conversão de apenas uma pequena parcela em telhados vivos pode fazer uma grande diferença.

Os benefícios dos telhados vivos
As vantagens são muitas e não se limitam à economia de água. Os telhados vivos proporcionam vistas belas da cidade e, ao mesmo tempo, absorvem dióxido de carbono e poluição do ar.

Mas o benefício mais importante é o efeito dos telhados vivos na redução do escoamento de água de temporais. Os telhados vivos de Berlim absorvem 75% da chuva que cai sobre eles, que posteriormente será drenada e evaporará, reduzindo a quantidade que chega aos bueiros e diminuindo com isso os riscos de enchentes.

Uma camada vegetal viva sobre um telhado também protege o revestimento impermeabilizante dos raios ultravioletas e dos efeitos das intempéries, elevando em até 10% a eficácia do isolamento térmico proporcionado pelo telhado.

Embora nem todos os tipos de fauna consigam chegar facilmente a um telhado vivo, ele fornece espaço importante de habitat para pássaros e insetos. E borboletas podem voar até uma altura de 20 andares em busca de néctar.

Onde posso instalar um telhado vivo?
Os telhados vivos industriais vêm ganhando espaço em muitos países. A fábrica de detergentes Ecover, na Bélgica, tem um telhado verde de 929 metros quadrados recoberto de erva-pinheira, e a fábrica da Ford Motor Company em Michigan conta com 46 mil metros quadrados de telhado verde, garantindo uma melhora marcante na gestão local da água.

Os telhados vivos residenciais podem ser plantados mais facilmente em telhados planos ou de inclinação leve de casas, garagens ou galpões. Uma ampliação de sua casa pode criar o lugar mais adequado para isso, mas procure ajuda especializada para avaliar se o telhado será capaz de suportar o peso adicional.

Também é importante que o telhado atual já seja à prova de água. Um telhado vivo ajudará seu telhado a se manter em boas condições, desde que ele já esteja assim desde o início!

Que tipo de telhado vivo?

Existem três tipos de telhados vivos: extensivos (solo raso ou pedregulho), semi-extensivos (solo com profundidade maior, capaz de suportar capim ou relvados) e intensivos (camada espessa de solo, capaz de suportar plantas maiores).

Os telhados extensivos e semi-extensivos podem ser apropriados para a maioria das residências. Os telhados intensivos são mais especializados, e é aconselhável que sejam criados em construções novas, onde poderão ser integrados desde a fase de projeto.

Que plantas podem ser cultivadas num telhado?

Os telhados ficam expostos à ação do tempo e podem ficar completamente ressecados na estiagem, e assim as espécies mais resistentes se saem melhor. Escolha plantas nativas de montanhas, penhascos e desertos, por exemplo.

Um telhado extensivo com camada de solo muito rasa pode receber musgo ou uma suculenta verde, que se assemelha a grama quando vista de longe e tolera bem a seca.

Um telhado semi-extensivo ou extensivo, com camada de solo mais funda, pode suportar uma variedade maior de plantas. São apropriadas as plantas alpinas e flores silvestres resistentes à seca, embora ainda seja provável que morram durante os verões muito quentes.

Por onde devo começar?

É imprescindível procurar ajuda especializada quando se planeja um telhado vivo, devido às questões de segurança. Mas hoje em dia é possível obter muita orientação, e um telhado extensivo simples pode trazer grandes benefícios e, ao mesmo tempo, ser um projeto relativamente fácil para você mesmo realizar.

22 JARDIM SEM PAVIMENTO

Os jardins verdes estão virando uma espécie em perigo de extinção, ameaçados pela necessidade de local para estacionamento e pela moda de espaço externo minimalista, que não requer manutenção.

Esse é um exemplo triste, mas pertinente, de decisões individuais aparentemente inócuas que se somam para exercer um impacto enorme sobre nosso meio ambiente.

Nos últimos anos, em Londres, perdeu-se o equivalente a 22 Hyde Parks de área verde em jardins pavimentados. Se tudo isso fosse pavimentado em um só lugar, haveria protestos públicos, mas, como o dano foi cometido em muitas partes menores, passou praticamente despercebido.

O mesmo problema também se dá em outros países. Hoje, cerca de dois terços dos jardins nas zonas urbanas são parcial ou inteiramente pavimentados.

A perda de jardins em cidades grandes e pequenas causa uma enorme gama de problemas. Alguns deles não são evidentes: a redução da área verde significa que menos poluição é absorvida, e a segurança das pessoas que andam nas ruas se torna um impasse quando os carros atravessam as calçadas. Um dos efeitos mais graves é a perda de superfícies capazes de absorver chuva forte, o que aumenta a probabilidade de enchentes.

A solução para o problema é óbvia: não pavimente seu jardim. Se você herdou do morador anterior um jardim cimentado, arranque o calçamento e plante alguns arbustos resistentes, ou simplesmente substitua o calçamento por pedregulho (não é tão bom para a fauna e a flora nem combate a poluição, mas forma uma superfície muito mais porosa para absorver a chuva).

Em áreas em que é necessário contar com uma superfície dura, há opções que aumentam o potencial de drenagem do chão.

O pedregulho é uma alternativa, desde que você não coloque debaixo dele uma manta de impermeabilização. Outras opções incluem lajes de pavimentação com furos para drenagem ou lajes feitas de plástico reciclado ou vidro esmagado, que permitem a passagem da água. Se você precisa estacionar seu carro sobre um piso duro, uma idéia é usar materiais que criam duas faixas para suportar as rodas do veículo, deixando entre elas uma faixa não pavimentada, onde algumas plantas robustas possam crescer.

POUPAR ⚡
ENERGIA

Por que poupar energia em casa?
Cerca de 30% do dióxido de carbono que emitimos vem de nossas casas, mas poderíamos reduzir isso em quase dois terços adotando as medidas apropriadas de economia de energia.

A maioria dessas medidas é de instalação fácil e não requer esforço diário. Alguns exemplos são instalar um isolamento térmico melhor, mudar o ajuste dos controles do ar-condicionado ou do aquecimento central e comprar eletrodomésticos mais eficientes. Outras medidas podem ser incorporadas à sua rotina em pouco tempo e não prejudicam em nada a qualidade de vida – pelo contrário, até simplificam a vida.

Pelo fato de o ar-condicionado e o aquecimento de nossas casas consumirem tanta energia, os artigos que a reduzem nesses equipamentos são os que mais valem a pena. Não é preciso passar o inverno tremendo de frio nem cozinhar no calor. Na verdade, as idéias para economia de energia apresentadas nos próximos capítulos deixarão sua casa ainda mais aconchegante e, ao mesmo tempo, reduzirão as contas a pagar.

Fora de casa
Não deixe de poupar energia quando você sai de casa. Como a redução das emissões de dióxido de carbono também economiza dinheiro, tudo o que é preciso para fomentar uma cultura de economia energética no trabalho é o incentivo de funcionários entusiastas como você.

Nas ruas de seu bairro e no resto de sua cidade, lançar uma iniciativa de economia energética pode resultar em grande economia de dinheiro e muita diversão para todos os envolvidos.

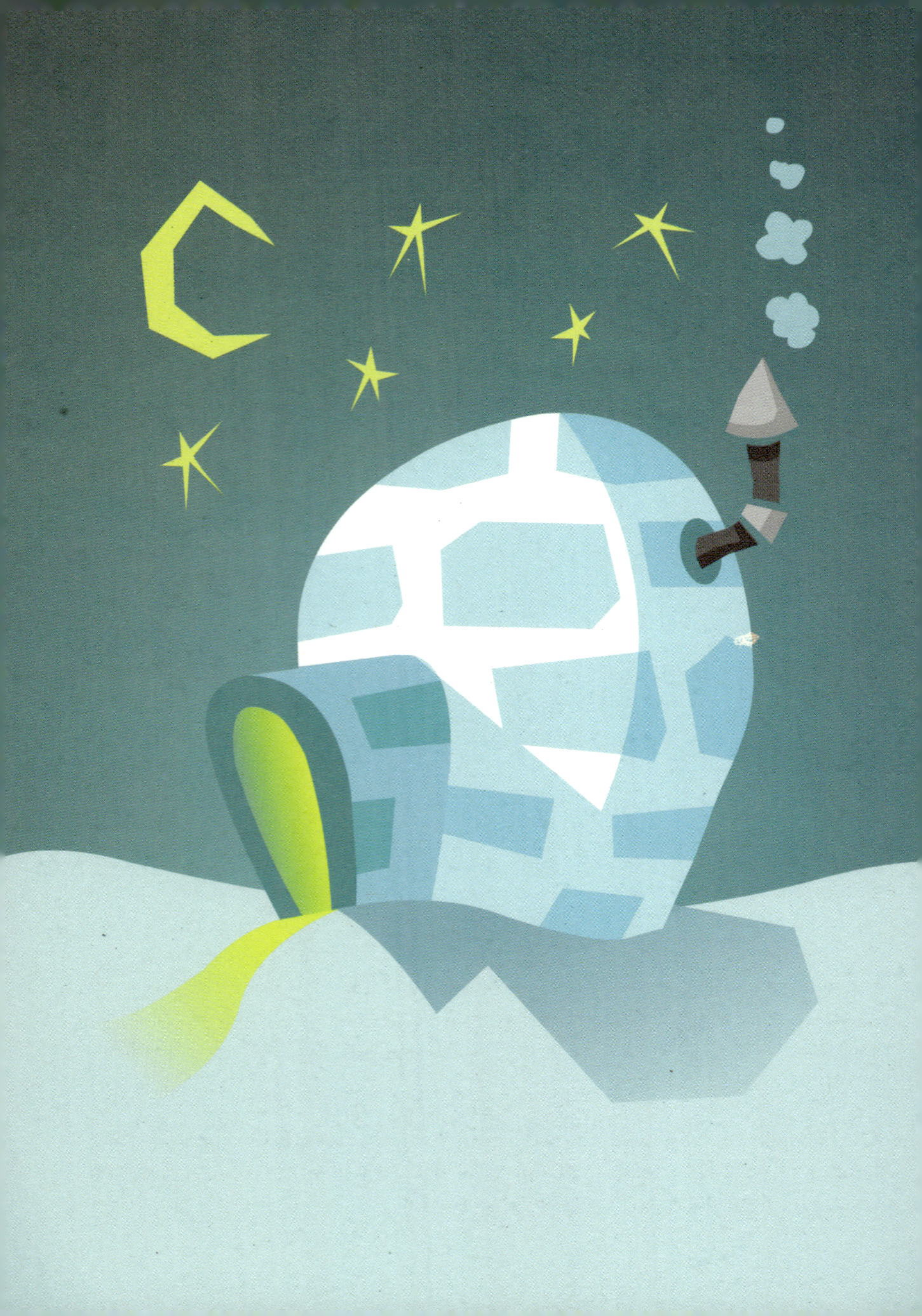

ISOLAMENTO TÉRMICO RESIDENCIAL

Vamos começar falando do isolamento térmico, porque o melhor tipo de aquecimento é aquele que não é preciso fazer. Basta ter uma casa que conserva o calor em seu interior, em vez de deixá-lo escapar.

Se você tiver uma casa mal isolada, penetrada pelo vento, aproximadamente três quartos do calor gerado pelo aquecimento vão escapar pelo telhado, janelas, paredes e portas. Muitas medidas que podem ser tomadas para reduzir esse desperdício custam muito pouco e, dentro de um ou dois anos, reverterão em contas menores a pagar.

Outras melhorias podem demorar mais a gerar economia de dinheiro, mas, lembre-se, você se beneficiará de uma casa mais aconchegante e também estará reduzindo suas emissões de dióxido de carbono.

23 TELHADO ISOLADO

Cerca de um terço da perda de calor acontece em função de telhados mal isolados. Fazer o isolamento térmico do teto pode reduzir tremendamente essa perda.

Diversos materiais podem ser usados, e são necessários pelo menos 200 mm de espessura (de preferência, mais de 300 mm).

O material mais barato é a lã de vidro para isolamento térmico, que vem em rolos grandes e é muito fácil de instalar. O poliestireno também é muito usado para placas planas (ou pode ser utilizado em forma expandida para preencher paredes ocas). Mas esses materiais contêm muitos aditivos químicos e consomem muita energia em sua produção. A lã de vidro também pode representar riscos à saúde, de modo que é preciso se proteger ao manuseá-la.

Existem vários materiais naturais adequados para uso em isolamento térmico, quais consomem pouca energia em sua produção, não contêm muitos aditivos químicos e são recicláveis.

Em muitos países já se encontram isolantes térmicos feitos de:
- Lã de ovelha (conhecido como Therma Fleece)
- Jornal reciclado (conhecido como Warmcel)
- Fibras de cânhamo ou linho (entre as marcas existentes estão a Isonat e a Flax 100)
- Tábuas de aglomerado (resíduos comprimidos da indústria madeireira)

Um telhado sem isolante pode contribuir para a perda de até um terço do calor de sua casa

A mesma quantidade de calor pode ser perdida em função de paredes sem isolamento térmico

Outros 20% podem ser perdidos devido a janelas de vidro simples (não duplo)

24 ISOLE AS PAREDES

Muitas das casas de tijolos construídas há mais de quarenta anos tem paredes contendo vãos, com duas camadas de tijolos e uma pequena cavidade entre elas. Preencher essa cavidade com material isolante é simples, barato e, no prazo de dois anos, pode reverter em economias nas contas de luz. Basta fazer um furo na parede com furadeira e bombear o material isolante para dentro. O processo pode levar algumas horas apenas, mas seus benefícios duram a vida inteira. Fazer o isolamento térmico de casas mais antigas, com paredes sólidas, pode ser mais complicado, mas rende economias ainda maiores. O tempo de recuperação do investimento é maior, porque o processo requer mais mão-de-obra qualificada.

Isolamento externo
A casa é recoberta de uma camada fina de material isolante, seguida por um novo revestimento externo. Esta é a melhor opção, além de conservar a "massa térmica" (ver pág. 66) de sua casa.

Isolamento interno
Um tipo semelhante de material, numa camada fina, é aplicado diretamente sobre as paredes internas, ou então é construída uma estrutura de madeira que é enchida de material isolante e recoberta por nova camada de massa. O isolamento interno reduz a perda de calor com grande eficácia, mas também reduz a massa térmica e provoca uma pequena diminuição do espaço interno da casa. Mas custa menos que o isolamento externo e é o mais apropriado para apartamentos, já que apenas as paredes que dão para a parte externa do prédio precisam ser revestidas.

ISOLE AS JANELAS 25

Janelas que deixam passar vento ou que têm camada única de vidro podem ser responsáveis por um quinto do calor que escapa de sua casa.

Proteção contra correntes de ar

Aplicar faixas de proteção contra correntes de ar em volta das janelas é uma tarefa simples da qual você mesmo pode se encarregar; bastam algumas horas. Essas faixas geralmente são feitas de espuma auto-adesiva que se comprime e forma um selo quando a janela é fechada.

Não se esqueça das correntes de ar que passam pelas portas. As portas externas devem ter uma faixa de escova protetora afixada na parte inferior, junto ao chão.

Vidros duplos

O uso de uma camada dupla de vidro reduz em cerca de metade o calor perdido através das janelas. Mesmo que você more numa área tombada, ainda assim deve ser possível obter vidros duplos que se enquadrem no padrão. Hoje em dia, a maioria das janelas de madeira já prevê o uso de vidros duplos.

Hoje em dia no Reino Unido as janelas vêm com rótulos de eficiência energética, semelhantes aos encontrados em geladeiras e *freezers*.

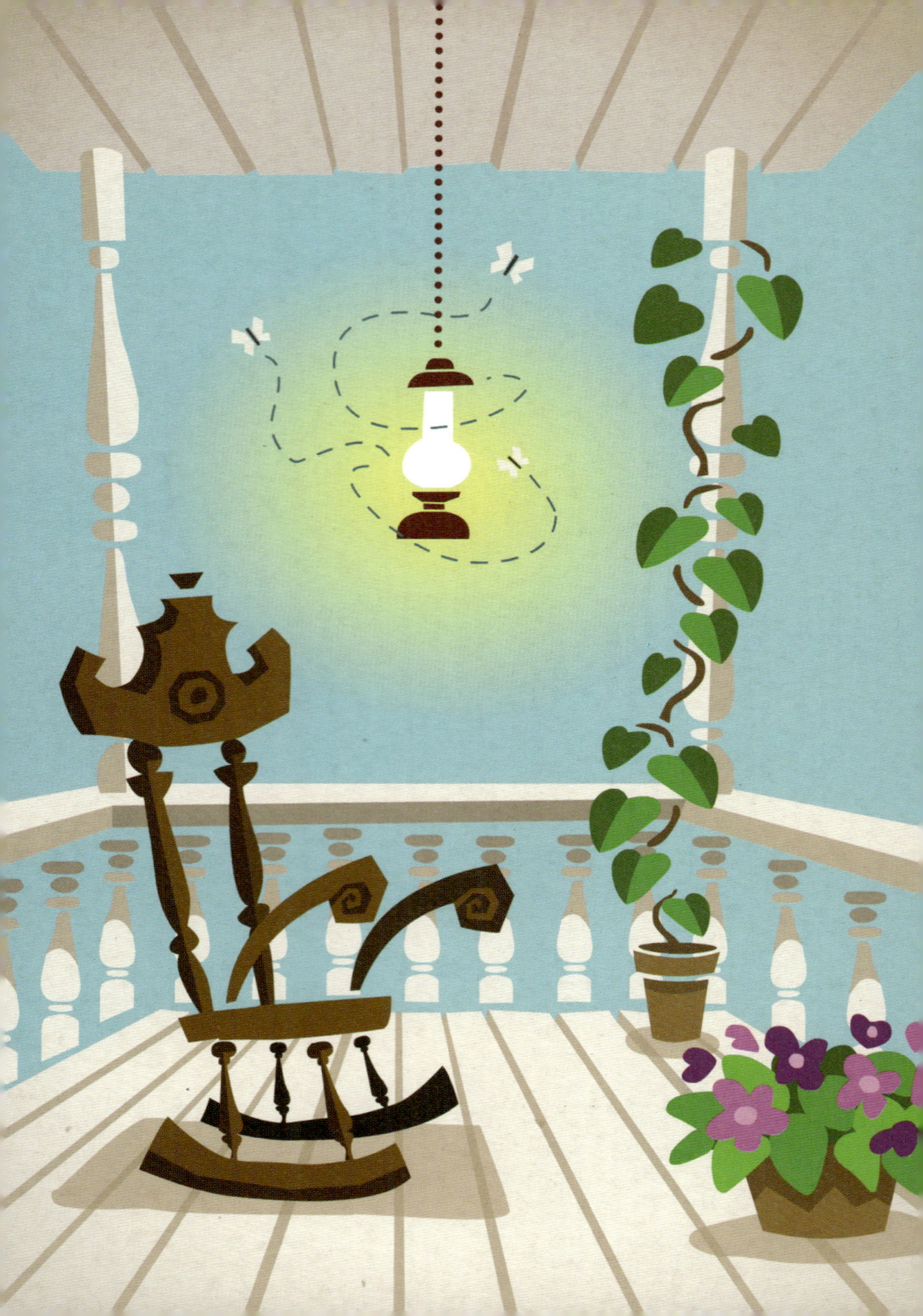

AQUECIMENTO NATURAL

Para que sua casa seja aquecida pelo sol sem o uso de engenhocas de alta tecnologia, basta utilizar janelas bem situadas e aproveitar uma propriedade de sua casa conhecida como "massa térmica". Uma residência dotada de massa térmica alta não apenas se conserva mais quente no inverno, como se mantém fresca no verão, proporcionando benefício duplo.

A criação de barreiras entre o interior e o exterior da casa não precisa ser feita apenas com o isolamento térmico. Um hall pode ser simpático e também funcionar como um "compartimento estanque de calor", conservando o ar frio em seu devido lugar.

O tipo certo de envidraçamento no lugar certo pode capturar o calor do sol e trazê-lo para dentro de sua casa. Se não for possível mudar todas as suas janelas de lugar (a maioria de nós não pode fazê-lo), então a resposta talvez seja um jardim de inverno. Algo útil, atraente e que pode agregar valor à sua casa.

26 A MASSA TÉRMICA

Todos nós já entramos num castelo ou catedral num dia de calor e notamos como o ambiente interno é mais fresco. A razão disso é que essas construções têm "massa térmica" alta – ou seja, a quantidade de pedra nas paredes faz com que elas demorem para se aquecer e esfriar, o que ajuda a regular sua temperatura interna.

No caso da catedral de interior fresco, as paredes espessas, tendo esfriado durante a noite, continuam a absorver calor ao longo do dia quente de verão, mantendo a temperatura refrescante.

Poucos de nós visitamos castelos à noite, mas, se o fizéssemos, constataríamos que as paredes se mantêm quentes durante a noite, garantindo uma temperatura mais alta no interior. Você talvez já tenha percebido que um muro de pedra permanece quente até muito tempo depois do pôr-do-sol. Isso se deve à alta massa térmica do material.

Numa residência mal isolada, ocorrem os processos inversos. Em um dia quente, as paredes absorvem o calor rapidamente e não ajudam a refrescar o interior da casa; nas noites frias, o calor se perde rapidamente através das paredes, e os moradores passam frio no interior da casa.

Para aumentar a massa térmica de sua casa
Quando estiver construindo uma casa nova, sempre pense na massa térmica ao decidir com que materiais vai trabalhar.

Mas não são apenas as paredes que contribuem. Tudo na casa compõe sua massa térmica total. Assim, empregar materiais como pedra em lareiras ou pisos pode fazer uma diferença real para a massa térmica das casas já existentes.

Se você estiver acrescentando um cômodo novo à sua casa, use materiais com propriedades de massa térmica alta, e eles ajudarão a regular a temperatura em toda a casa.

Os materiais que têm massa térmica alta incluem:
• Tijolos (para as paredes e os pisos)
• Concreto (mas este tem alta emissão de carbono)
• Pedra (é melhor usá-la em pisos)
• Água (razão pela qual os radiadores de aquecimento central, muito usados na Europa, são uma boa idéia o ano todo)

A capacidade de absorção de calor dos materiais é aumentada quando sua coloração é escura. Se você mora numa região mais fria, experimente colocar pedras de cor escura no piso de sua cozinha ou no seu jardim de inverno, ou pinte de cor mais escura as paredes que fazem frente a janelas voltadas para o norte, a fim de captar o calor do sol que bate sobre elas.

O lugar em que você aplica o isolamento também faz diferença. O isolamento térmico de paredes duplas remove a camada externa de tijolos da equação da massa térmica, e o isolamento térmico interno, embora seja excelente para conservar o calor no inverno, reduz consideravelmente a capacidade de massa térmica das paredes, de modo que sua casa ficará mais quente também no verão.

DEIXE O SOL ENTRAR 27

A melhor maneira de captar o calor do sol é ter janelas situadas nos lugares mais apropriados de toda a casa. No sul do Brasil, uma casa solar eficiente terá mais janelas nas paredes voltadas para o norte, e menos e menores janelas nas paredes voltadas ao sul. Com isso, o calor da manhã é capturado ao máximo durante o inverno, e impede-se que ele escape pelo lado sul da casa.

Janelas voltadas para o leste ou o oeste são mais problemáticas. É relativamente fácil proteger uma janela voltada ao norte com um toldo ou beiral, para fazer sombra, mas, no verão, as janelas voltadas ao oeste podem causar superaquecimento, pois recebem o sol da tarde diretamente no momento em que o sol já se encontra mais baixo no céu, sendo mais difícil provê-las de sombra.

Uma maneira inteligente de evitar ganho solar excessivo no verão é plantar árvores e arbustos decíduos (que perdem folhas) diante das janelas voltadas para o norte ou o oeste. No inverno, quando o calor do sol se faz necessário, as árvores estarão peladas, deixando a luz passar. No verão, estarão recobertas de folhas, fornecendo sombra refrescante.

Envidraçamento duplo
Não deixe de usar vidros duplos nas janelas; se não o fizer, a perda de calor no inverno vai superar qualquer ganho possível com aquecimento solar. Procure vidraças duplas com película de baixa emissão na parte interna. Esta permite a passagem da luz solar para aquecer o ambiente, mas reflete a luz infravermelha que vem de dentro da casa, reduzindo o calor que escapa para fora.

28 UM JARDIM DE INVERNO

Uma porta da frente exposta, que se abre diretamente para o acesso de sua casa, deixa entrar um jato de ar frio a cada vez que é aberta, reduzindo em muito a eficiência energética de sua casa.

Um hall que acrescente uma porta adicional entre o interior e o exterior da casa ajuda a reduzir esse efeito, "aprisionando" o calor. Halls também são bonitos e fornecem um lugar útil para deixar guarda-chuvas e calçados enlameados. Você pode até usar seu hall como mini-estufa para cultivar tomates e ervas usadas na cozinha.

Um jardim de inverno pode ser uma maneira surpreendentemente eficaz de aproveitar o ganho solar ao máximo durante o inverno. A grande área de vidraça preaquece o ar antes de ele entrar na casa, e o jardim de inverno também funciona como uma camada de isolamento térmico externo. Desde que conte com ventilação eficaz e seja feito de materiais de alta massa térmica, o jardim de inverno também ajudará a refrescar sua casa no verão.

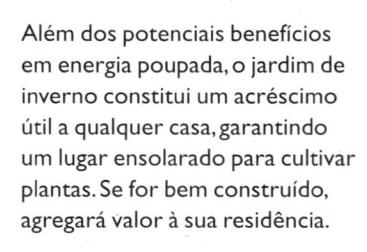

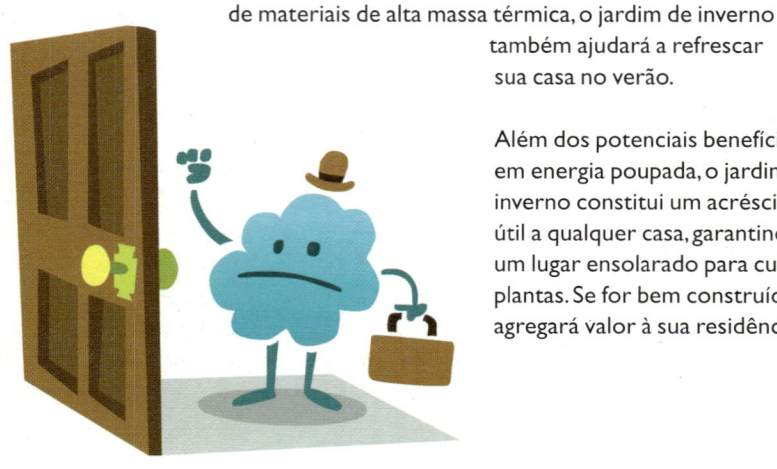

Além dos potenciais benefícios em energia poupada, o jardim de inverno constitui um acréscimo útil a qualquer casa, garantindo um lugar ensolarado para cultivar plantas. Se for bem construído, agregará valor à sua residência.

É importante analisar com cuidado o projeto, os materiais e a orientação de seu jardim de inverno, se resolver construir um. Um jardim de inverno mal construído que ficar aberto ao resto da casa durante o ano inteiro pode chegar a dobrar seu gasto de energia com ar-condicionado ou aquecimento!

Quem estiver pensando em construir um jardim de inverno deve prestar atenção às seguintes dicas:

• Mantenha-o separado do resto da casa. Construa um jardim de inverno no qual você possa entrar por portas já existentes e garanta a possibilidade de fechar o acesso a ele nos dias frios.

• Erga seu jardim de inverno no lado norte da casa ou, se não for possível, no lado nordeste. Projete-o de modo que o envidraçamento principal fique nas paredes voltadas ao norte.

• Utilize materiais de alta massa térmica, como tijolos e pedras, nas paredes e no piso. O calor do sol que chegar a esses materiais será armazenado e liberado mais tarde, o que aumentará o efeito aquecedor do jardim de inverno.

• Não use aquecimento artificial em seu jardim de inverno – deixe isso a cargo do sol, unicamente.

• Instale um respiradouro para puxar o ar quente para dentro da casa. Lembre-se de fechar essa ventilação nos dias de muito frio.

• Garanta que o jardim de inverno possa ser ventilado pela parte superior das janelas ou pelo telhado. Com isso, você poderá usá-lo para ajudar a ventilar o resto da casa no verão, impedindo-a de ficar quente demais.

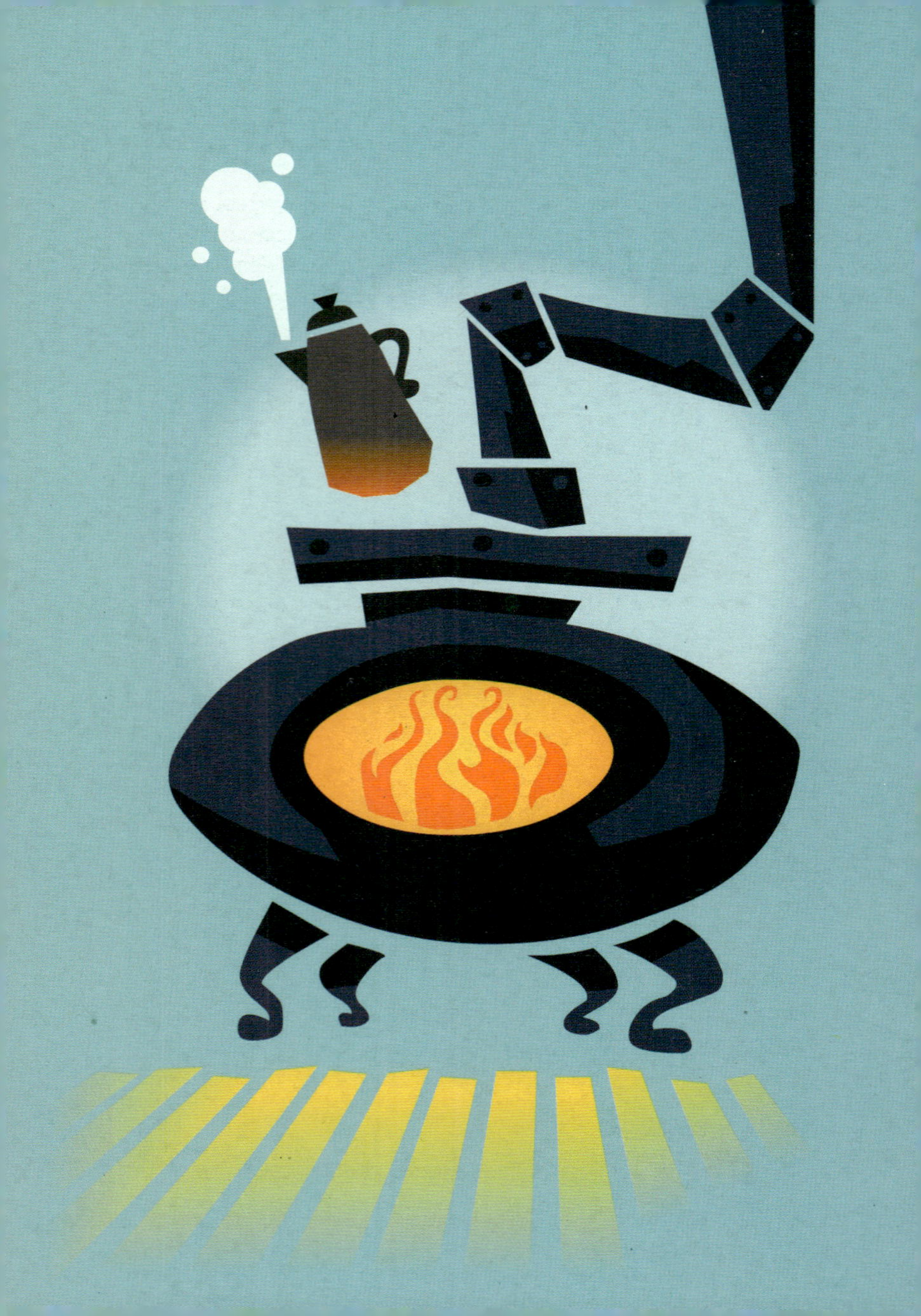

QUENTE COM MENOS CARBONO

O ganho solar e o isolamento térmico dificilmente conseguirão suprir todo o aquecimento necessário de uma casa no Reino Unido, especialmente no inverno. Qual é, então, a melhor maneira de aquecer uma residência nas regiões e nos países mais frios? As opções são muitas, e a questão pode causar confusão.

De modo geral, os sistemas que empregam radiadores ou canos com água quente são os melhores para gerar um calor suave e duradouro. A água possui massa térmica muito alta, de modo que o calor é mantido no sistema muito depois de o aquecedor ter sido desligado. Além disso, a tubulação e os radiadores não promovem o deslocamento de pó pela casa, como ocorre com alguns sistemas de aquecimento de ar.

Existem muitas formas de aquecer a água dos radiadores, e, à medida que surgem maneiras mais sustentáveis, o sistema poderá ser ajustado para empregá-las. Este capítulo analisa quais são as melhores opções, assim como os benefícios e problemas de alguns tipos de combustível.

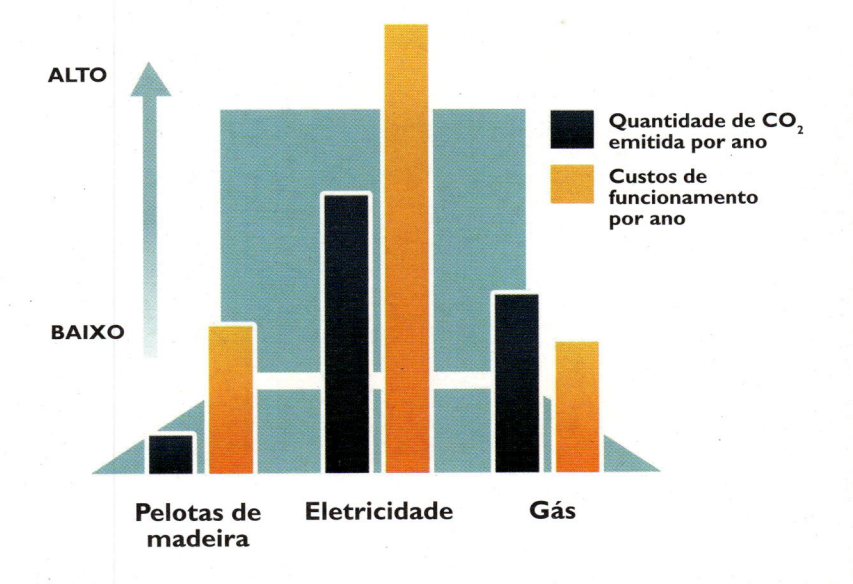

ALTO

BAIXO

■ **Quantidade de CO_2 emitida por ano**
■ **Custos de funcionamento por ano**

Pelotas de madeira   **Eletricidade**   **Gás**

29 COMO AQUECER

ELETRICIDADE

O aquecimento elétrico é uma das maneiras menos eficientes de converter combustível em calor. Com a eletricidade gerada por usina a gás, apenas um terço da energia presente no gás acaba chegando à sua casa para ser usada no aquecimento. Já um aquecedor a gás eficiente pode converter em calor mais de 90% da energia do combustível. A eletricidade é indicada para a iluminação e aparelhos eletrodomésticos, não para gerar calor. Logo, evite os aquecedores elétricos.

AQUECIMENTO SOLAR

Boa parte da energia do sol já nos chega sob a forma de calor, de modo que capturá-la para uso doméstico é relativamente simples. Nas casas novas, painéis solares podem ser usados para esquentar a água de um sistema de aquecimento instalado debaixo dos pisos. Mas, se não estiver construindo uma casa nova, a melhor maneira de fazer uso da energia solar é no aquecimento da água para uso no chuveiro e nas torneiras.

Como funciona o aquecimento solar da água?

Existem dois tipos principais de painéis de aquecimento solar da água. Um deles utiliza uma placa chata de cor escura colocada atrás de um vidro para capturar o calor e transferi-lo para um fluido no interior de canos de cobre situados atrás da chapa. Um sistema mais eficiente tem múltiplas chapas de coleta de cobre presas dentro de tubos a vácuo. Isso reduz o calor perdido pelo contato com o resto do sistema e assegura que uma parte maior da energia solar seja transferida para o fluido circulante.

Quanta água quente posso conseguir?

No verão, um sistema de aquecimento solar é facilmente capaz de aquecer água até 60°C sem qualquer aquecimento adicional. No inverno, o sistema poderá preaquecer a água e economizar energia, mas será preciso contar também com um aquecedor movido a gás para aquecer a água adequadamente. No total, você conseguirá satisfazer mais de metade de suas necessidades de água quente com um sistema de tamanho razoável (entre 2 e 4 metros quadrados).

BOMBAS DE CALOR

As bombas de calor trabalham como sua geladeira, mas em sentido inverso. Em lugar de usar líquido para transferir o calor para fora de uma caixa, elas captam o calor de fora da casa, o concentram e o transferem para a água usada em seu sistema de aquecimento.

As bombas de calor são uma maneira muito eficiente de empregar a eletricidade no aquecimento, porque para cada kWh de eletricidade são gerados 3kWh de calor. Com isso, seu custo de funcionamento é mais ou menos igual ao de um sistema a gás, mas as emissões são menores. A economia exata depende da origem da eletricidade. A combinação mais favorável ao meio ambiente é uma bomba de calor movida a eletricidade vinda de fontes renováveis.

As bombas de calor enterradas são as mais eficientes, já que os tubos repletos de fluido ou são mergulhados numa perfuração no chão ou enterrados em trincheiras a cerca de um metro abaixo da superfície. Numa profundidade maior, a temperatura permanece mais ou menos constante o ano inteiro. As bombas de calor aéreas realizam o mesmo processo usando o calor do ar externo, mas não funcionam muito bem em épocas muito frias.

GÁS

Os melhores aquecedores podem alcançar 90% de eficiência. Os aquecedores condensadores são mais eficientes que os aquecedores mais antigos, porque são projetados para capturar mais calor dos gases de exaustão.

Se seu aquecedor tiver mais de 15 anos, você poderá economizar até 35% de sua conta de gás (com reduções semelhantes em emissões de dióxido de carbono) se o substituir por um novo aquecedor de classificação A – logo, é um investimento que vale a pena.

LENHA

Já existem aquecedores de alto desempenho alimentados a pelotas de lenha, que convertem o combustível em calor com eficiência de aproximadamente 80%.

Como o combustível que utilizam se origina de plantas que foram cultivadas recentemente (captando o carbono da atmosfera, em lugar de usar combustíveis fósseis), as emissões reais de dióxido de carbono são muito pequenas nesse tipo de aquecimento. As pelotas são feitas de resíduos da indústria madeireira – não são frutos do desmatamento insustentável –, e a operação desses sistemas de aquecimento é relativamente econômica.

Diferentemente dos fornos a lenha tradicionais, que precisam ser reabastecidos regularmente, as máquinas modernas contam com um depósito de combustível em seu queimador.

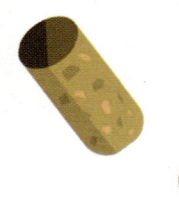

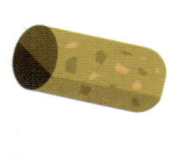

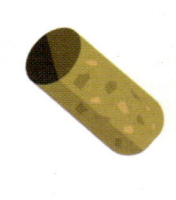

FIQUE NO CONTROLE 30

Todos nós sabemos que baixar seu termostato em um grau pode reduzir sua conta de aquecimento em 10%, mas é possível economizar ainda mais com um aquecimento mais bem programado e controles mais sensíveis. Usar o aquecimento apenas quando necessário e controlar a temperatura com mais precisão podem levar a uma boa redução de sua contribuição para a mudança climática.

Se seu sistema de aquecimento tem um botão simples de ligar/desligar ou se funciona com apenas um termostato básico, um painel de controle mais sofisticado pode ajudar.

Controles digitais modernos permitem fixar a temperatura desejada com precisão de até meio grau, além de manter seu aquecimento ligado em horários diferentes em diferentes dias da semana. Também podem permitir que sejam fixados horários para o aquecimento da água e do ambiente.

É possível adotar novos painéis de controle mesmo que você não substitua o aquecedor. O acréscimo de controles individuais de termostato aos radiadores significa que é possível reduzir o aquecimento em cômodos da casa quando eles estão desocupados. Não instale um termostato de radiador na sala em que fica seu termostato principal de aquecimento, porque os dois podem atrapalhar um ao outro e os outros cômodos da casa podem ficar quentes demais.

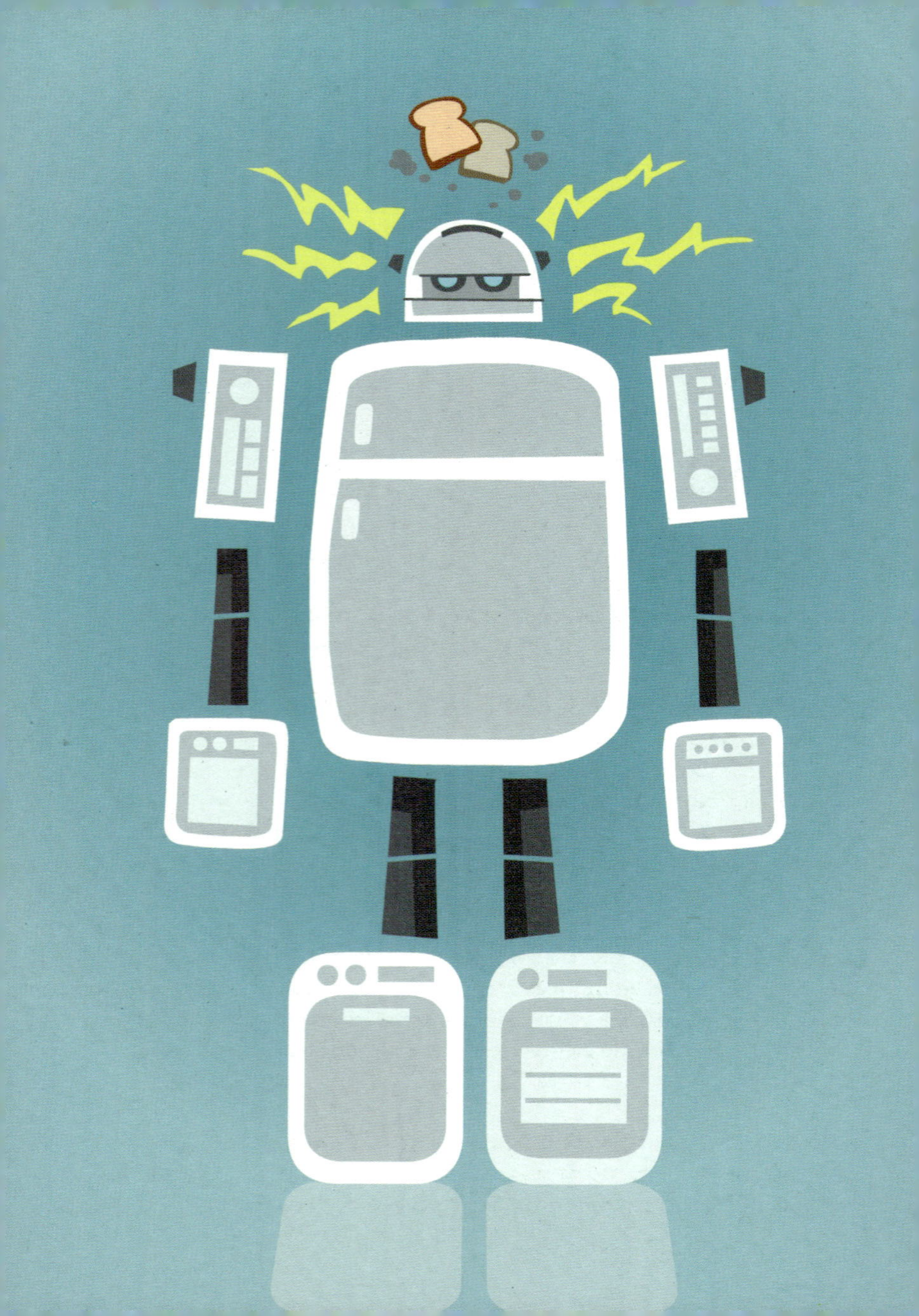

POUPAR ELETRICIDADE

À medida que reduzimos a energia usada no aquecimento, aumenta a parcela de nossa emissão de carbono proveniente da eletricidade usada na iluminação e nos eletrodomésticos. Nas casas novas da Europa, dotadas de bom isolamento térmico, a eletricidade é responsável por um terço das emissões de carbono.

O próximo item mais importante em nossa lista de maneiras de poupar energia é, portanto, a economia de eletricidade.

Na realidade, a quantidade total de eletricidade usada em residências dobrou desde os anos 1970 e continua a aumentar rapidamente, à medida que vamos adquirindo mais equipamentos e usando-os com mais freqüência.

Muitos aparelhos trazem benefícios reais e nos poupam tempo, de modo que não vou sugerir que você abra mão de todos (bom, talvez de alguns dos que não fazem muito sentido), mas é fácil deixar que máquinas usadas apenas ocasionalmente se tornem "vampiros eletrônicos" quando as deixamos em modo *standby*, consumindo eletricidade o tempo todo enquanto não fazem nada de útil.

Adotando iluminação e produtos eletrônicos mais ecológicos, desligando-os corretamente e fazendo uso de suas características de economia energética, você poderá reduzir sua conta de luz sem prejudicar seu conforto.

31 | ATENÇÃO AO CONSUMO

Para manter sua família inteira motivada numa campanha para economia de eletricidade, é útil saber quais serão os resultados.

A conta de eletricidade é um bom indicador da quantidade de energia que você está consumindo, que é indicada em kilowatts-hora (kWh) na conta. Um kWh é uma unidade de energia elétrica equivalente à que é usada para manter uma chaleira elétrica padrão de 1 kilowatt fervendo por uma hora. A geração dessa energia é responsável pela liberação de dióxido de carbono na atmosfera, o que contribui para as mudanças climáticas.

A quantidade depende de como a eletricidade é gerada, e o misto de métodos empregados no Reino Unido significa que cada kWh da rede elétrica britânica representa cerca de 600 gramas de emissões de dióxido de carbono das usinas elétricas.

Assim, se sua conta de luz diz que você gastou 1.000 kWh, no Reino Unido isso significaria que seu consumo de eletricidade gerou 600 kg de dióxido de carbono – o equivalente a viajar 4 mil km num carro de família.

LÂMPADAS VERDES 32

Estamos nos sofisticando no que diz respeito à iluminação de nossas casas, rejeitando as lâmpadas fortes situadas no meio do teto em favor de abajures pequenos e lâmpadas embutidas. Hoje a residência britânica média tem 23 lâmpadas (no Brasil, são apenas 4, em média), e a previsão é que esse número aumente em mais três nos próximos 15 anos.

Muitas dessas luminárias ainda usam lâmpadas incandescentes. Hoje as lâmpadas fluorescentes compactas, que usam pouca energia, podem ser encontradas em tamanhos apropriados para quase todos os tipos de luminária e abajur, portanto não há necessidade de continuar usando lâmpadas que gastam até quatro vezes mais energia e têm durabilidade 12 vezes menor.

Se cada residência britânica substituísse apenas três de suas lâmpadas pelos modelos que poupam energia, seria economizada energia suficiente para acender todas as lâmpadas de rua. No Brasil, a troca também valeria a pena.

33 MONITOR E A ELETRICIDADE

As contas de luz chegam apenas uma vez por mês. Isso não ajuda muito quem está tentando medir a economia proporcionada pela adoção de aperfeiçoamentos ecológicos novos a cada semana. Uma ótima maneira de acompanhar o desperdício elétrico e monitorar o sucesso de esforços para poupar energia são os aparelhos inteligentes que mostram o consumo de energia em tempo real, num *display* portátil que pode ser colocado em qualquer lugar da casa.

Dois produtos disponíveis no mercado britânico hoje são os monitores Electrisave e Efergy. Os *displays* desses aparelhos mostram exatamente o que seu medidor está fazendo, minuto a minuto. Você pode ligar a TV ou um abajur, e ele lhe mostrará imediatamente quantos kWh estão sendo gastos. Se você acha difícil pensar em termos de kWh, não se preocupe: o *display* pode exibir as emissões de dióxido de carbono ou até mesmo o custo.

Esses aparelhinhos são uma ótima maneira de incentivar você e sua família a adotar melhores hábitos de economia energética. E, antes de ir se deitar, uma verificação rápida no *display* revelará se você deixou algum aparelho ligado.

Quando as pessoas instalam painéis solares e turbinas de vento em suas casas, elas adquirem monitores de medidor como esses para ajudá-las a visualizar não apenas o que estão consumindo, mas também o que estão gerando. O resultado é que consomem 25% menos energia simplesmente porque se sentem incentivadas a reduzir o desperdício.

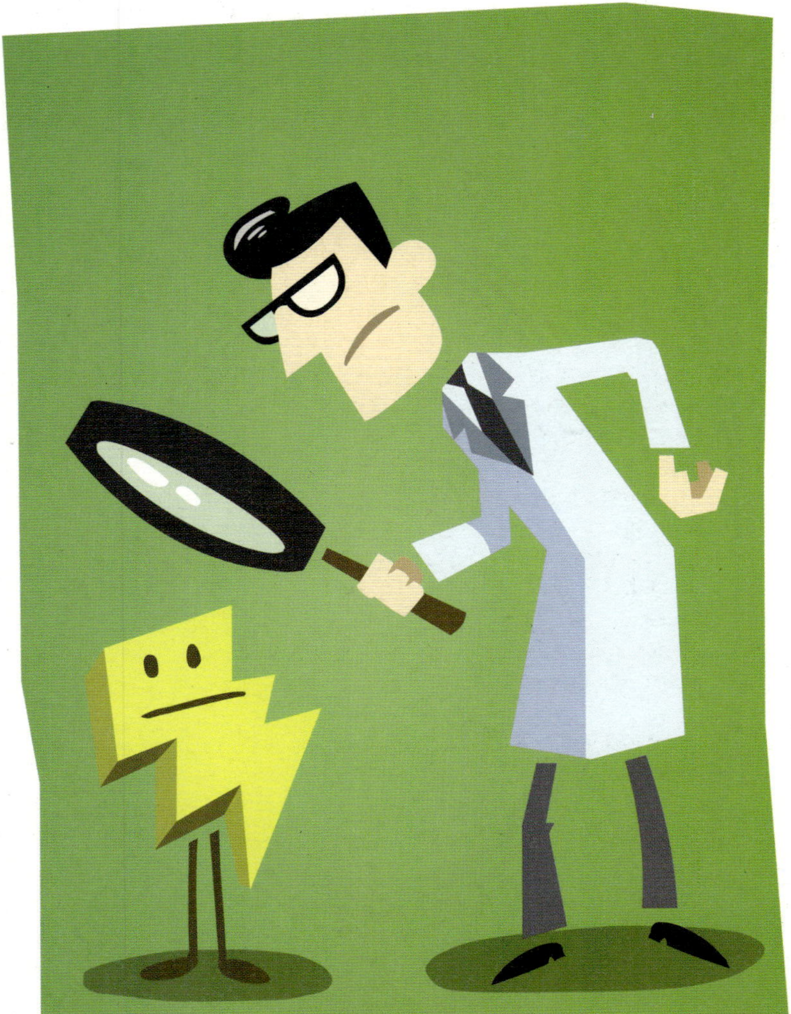

34 APARELHOS LIMPOS

A escolha dos melhores eletrodomésticos duráveis e o uso sensato daqueles que você possui podem fazer uma diferença muito grande na quantidade de eletricidade consumida por sua casa.

Linha branca (geladeiras e lavadoras de roupa)
Os aparelhos da chamada linha branca são responsáveis atualmente por cerca de 40% do consumo de eletricidade nas casas britânicas (e aproximadamente 30% no Brasil).

Desde a introdução de rótulos sobre eficiência energética nos showrooms, a escolha dos melhores eletrodomésticos ficou bem mais fácil, e na maioria das lojas é difícil encontrar um modelo que não tenha recebido classificação A. Ao todo, a eletricidade consumida por esses aparelhos vem diminuindo 2% ao ano.

Veja as dicas apresentadas na seção sobre a cozinha para ajudá-lo a aproveitar ao máximo as características de economia energética dos aparelhos.

Aparelhos eletrônicos
Quantos artigos desta lista de aparelhos você tinha em casa quando era criança?
- Gravador de vídeo
- Aparelho de DVD
- Secretária eletrônica
- Console de games
- Decodificador de televisão
- Telefone celular

Devido à obsessão de meu pai por assistir a partidas de críquete durante a noite, minha família comprou um gravador de vídeo em 1982, quando ainda era uma novidade enorme.

Diferentemente das lavadoras de roupa, os eletroeletrônicos mais novos consomem mais eletricidade que seus antecessores. As funções adicionais e especificações mais altas podem levar os modelos mais recentes a consumir muita energia. Um novo televisor com tela plana de plasma pode precisar de duas vezes mais energia para funcionar do que o modelo que substituiu. Tudo isso somado causa problemas. Até 2010, os eletroeletrônicos já terão superado os aparelhos brancos no Reino Unido, tornando-se os maiores consumidores de eletricidade no lar: 45% do consumo virá dos computadores, engenhocas e aparelhos de entretenimento. Assim, como podemos poupar energia com nossos eletroeletrônicos sem reduzir a diversão que eles nos proporcionam? Veja algumas dicas:

• Escolha os eletrônicos que façam o menor uso de energia que você conseguir encontrar. Esses aparelhos não precisam ter rótulos de energia, mas o consumo de eletricidade talvez esteja indicado na embalagem. Existem variações grandes entre produtos muito semelhantes, portanto vale a pena procurar essa informação até mesmo com o fabricante.

• Se você faz questão absoluta de ter um televisor enorme, compre um modelo de projeção, não um com tela de plasma. O consumo de eletricidade aumenta rapidamente com o tamanho das telas de plasma, mas uma TV que projeta sua imagem na parede pode ter o tamanho que você quiser, consumindo a mesma quantidade de eletricidade. Se o tamanho da tela não for tão importante, os televisores mais eficientes em termos energéticos são os de tela plana de cristal líquido (LCD).

• Compre aparelhos que combinem funções diferentes. Recentemente substituí meu gravador de vídeo muito antigo por um que também toca e grava DVDs. Muitas TVs hoje já vêm com decodificadores digitais integrados.

35 DERROTANDO OS VAMPIROS

Possivelmente o maior fator de desperdício ligado à ascensão dos eletrônicos domésticos é que muitos não vêm com botão de desligamento apropriado. Televisores, gravadores de vídeo e DVDs são acompanhados por um controle remoto que só consegue colocá-los em modo *standby*.

Surpreendentemente, alguns dos piores aparelhos em termos do consumo de energia em modo *standby* são os consoles de games. Se não forem desligados, permanecem em modo "ocioso" por tempo indefinido, consumindo a mesma quantidade de eletricidade de quando estão sendo utilizados.

Outras coisas que "deveriam se corrigir", em termos ambientais, são os aparelhos que precisam ser carregados com carregador externo. Máquinas recarregáveis poderiam ajudar o meio ambiente porque não precisam de trocas seguidas de baterias. Mas os carregadores são fáceis de esquecer na tomada, desperdiçando energia em escala maciça. E mais de 1 bilhão de novos carregadores são produzidos anualmente no mundo.

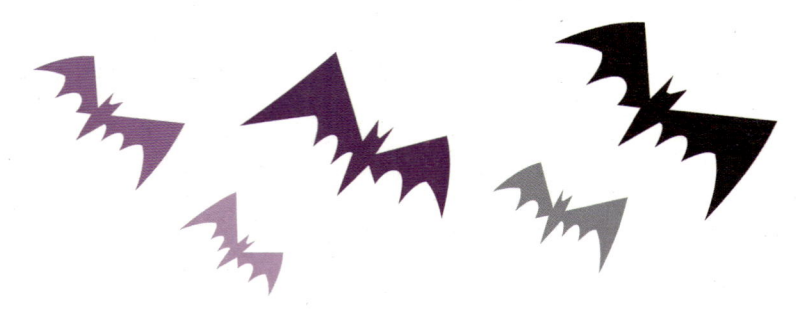

Siga estas dicas para domesticar os vampiros eletrônicos que vivem em sua casa:

• Sempre que possível, desligue os aparelhos em seu botão manual de desligar ou tirando-os da tomada.

• Se seus aparelhos não tiverem botões de desligamento, compre extensões com botões independentes para cada um. Isso facilitará o desligamento, em lugar de deixar todos em modo *standby* apenas porque uma das saídas está sendo usada.

• Procure comprar aparelhos que consomem pouca energia quando estão em modo *standby*. Isso geralmente vem indicado na embalagem.

• Para evitar a necessidade de carregar seu telefone durante a noite, crie o hábito de fazê-lo assim que entrar em casa, no fim do dia. Até o momento de você ir para a cama, ele estará totalmente carregado, e o carregador poderá ser tirado da tomada.

36 A ERA DO COMPUTADOR

Montar um escritório em casa pode exercer um efeito grande sobre o consumo de eletricidade. Um computador, um monitor e uma impressora podem acrescentar mais de 300 reais por ano à sua conta de luz, se você não tomar cuidado.

Os computadores usam eletricidade quando estão em *standby*, mas também é muito provável que fiquem em pleno funcionamento por períodos longos. E é maior a probabilidade de permanecerem ligados durante a noite.

Somada ao fato de que é fácil deixar impressoras, scanners e outros acessórios ligados, a computação doméstica é repleta de pequenas maneiras de se desperdiçar energia. Seguem algumas indicações sobre como reduzir o desperdício.

Computador de mesa ou laptop?
Os laptops consomem em média 70% menos energia que os computadores de mesa; portanto, se for possível, troque seu modelo de mesa por um laptop. Você economizará espaço, dióxido de carbono e muito dinheiro.

Os laptops energeticamente mais eficientes vêm com selos
Energy Star do governo americano, portanto procure esses
modelos. Lembre-se também de que os computadores contêm
muitas toxinas e metais, e devem obrigatoriamente ser reciclados
quando chegarem ao fim de sua vida útil. A maioria dos centros
de reciclagem já leva o lixo eletrônico para receber tratamento
especializado; logo, nunca coloque um computador ou laptop
quebrado na lata de lixo.

A escolha do computador

Como outros produtos eletrônicos, os computadores de
especificações mais altas tendem a consumir mais energia à medida
que seus processadores e monitores aumentam de tamanho e
velocidade. Mas existem muitas variações, mesmo entre produtos
muito semelhantes. Logo, verifique o que vem em letras pequenas
antes de comprar sua máquina e não adquira uma que tenha muito
mais potência de processamento do que você precisa.

Lembre-se de verificar o consumo energético do aparelho em
modo *standby* (espera) e modo *sleep* (soneca), além do consumo
normal. Como os modos *sleep* e *standby* podem ser usados por
períodos prolongados, mesmo uma diferença pequena pode
acabar resultando em grande desperdício.

SLEEP, STANDBY OU DESLIGADO?

A quantidade de energia usada pelos computadores depende de como estão funcionando. Deixe programas ainda funcionando, e a máquina continuará a consumir quase a mesma energia de quando você estava trabalhando nela. Os salva-telas podem ser bonitos, mas não são uma maneira de poupar energia. Este é conhecido como modo ocioso, e é um estado de grande desperdício energético.

Modo *sleep*

É muito fácil programar seu computador para entrar em modo *sleep* se você deixar de usar o teclado ou o mouse por um tempo determinado. Escolha um tempo que o bom senso lhe indica – por exemplo, cinco ou dez minutos –, para que, depois disso, o computador encerre a maioria de suas funções que consomem energia, mas continue pronto para acordar assim que você voltar.

Modo *standby*

Quando você desliga seu computador, e todas as suas luzes se apagam, você talvez pense que não está havendo mais gasto energético nenhum. Ledo engano: mesmo em modo *standby*, alguns componentes internos continuam ativos, consumindo até 10 watts de potência em algumas máquinas. Usado continuamente, isso equivale a 25-30 reais por ano em sua conta de luz. Não é muito, mas será melhor doar esse dinheiro à entidade beneficente de sua preferência.

Desligado

A única maneira de ter certeza de que seu computador está inteiramente desligado é tirá-lo da tomada. Incidentalmente, este é o *firewall* mais eficaz de todos: um computador desligado na tomada está 100% fora do alcance de *hackers* e outros vândalos.

Monitores

A maioria dos computadores de escritório hoje já tem telas de cristal líquido, mas, em casa, é mais provável que você ainda esteja usando um monitor volumoso com tubo de raios catódicos (CRT).

Além de ocupar espaço, os monitores CRT emitem muito calor e podem consumir cerca de cinco vezes mais energia que os de cristal líquido. A troca do monitor pode lhe poupar quase 100 reais por ano em custos de funcionamento, mas lembre-se de que o consumo de energia sobe rapidamente com o aumento do tamanho das telas, então não compre uma tela maior do que você precisa de fato. Procure os modelos com o selo Energy Star, que são os mais econômicos em consumo energético.

Impressoras

As impressoras consomem ainda mais energia que os computadores quando estão em modo ocioso, raramente têm modo *sleep*, e o botão de desligamento pode não desligá-las por completo. A resposta, mais uma vez, é desligá-las na tomada. Se suas tomadas são difíceis de alcançar, um ótimo investimento será um adaptador múltiplo com botões individuais. Você pode fixar rótulos para identificar os plugues e deixar os da impressora e outros periféricos (como *scanners*) desligados, exceto quando de fato os estiver utilizando.

USANDO OS COMPUTADORES PARA O BEM

Nem tudo nos computadores pessoais são más notícias para o planeta. Você pode usar a internet para poupar energia ao:

- Encomendar compras pelo correio, em vez de deslocar-se até as lojas.
- Procurar produtos mais ecológicos online.
- Usar os serviços de download de músicas e filmes para reduzir a energia empregada na manufatura de CDs e DVDs.

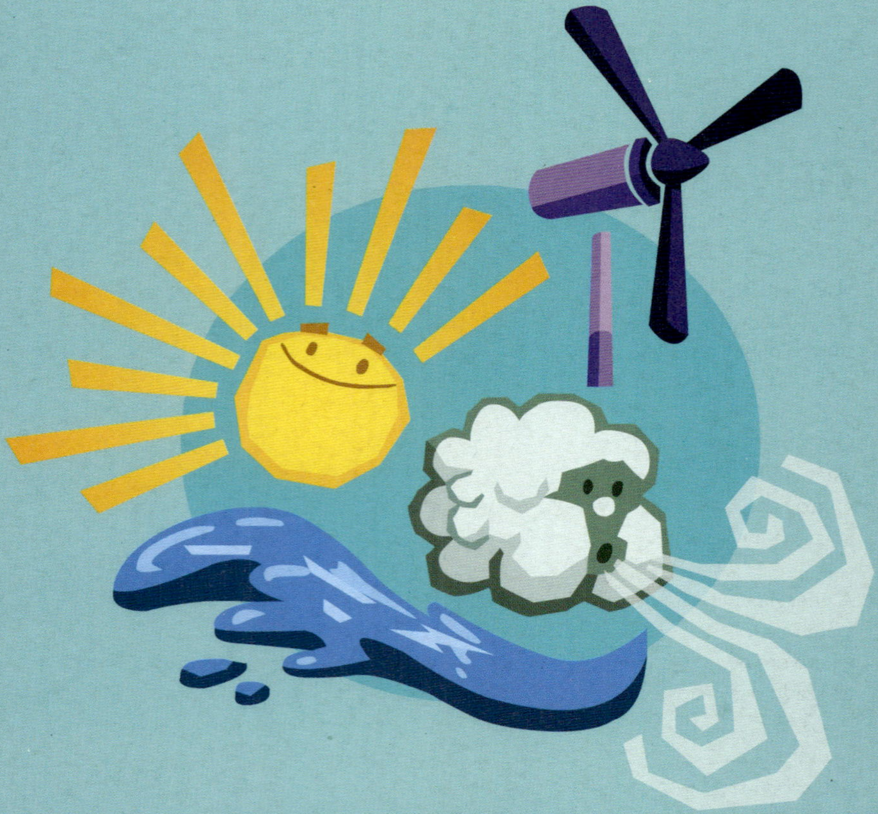

GERANDO ELETRICIDADE

Quase todo tipo de energia pode ser capturado e convertido em eletricidade. Hoje, a maior parte da eletricidade consumida nos países mais desenvolvidos é produzida por grandes usinas elétricas que queimam combustíveis fósseis, como carvão mineral, petróleo e gás (no Brasil, a maior parte da eletricidade é obtida de fontes renováveis, como usinas hidrelétricas).

Os combustíveis fósseis não são uma fonte de energia renovável. Na realidade, estão se esgotando em ritmo acelerado. E, mesmo que pudessem durar por muito tempo ainda, não poderíamos consumi-los sem causar danos enormes ao clima mundial, devido à emissão de dióxido de carbono.

A energia nuclear é outra maneira suja de gerar eletricidade. Assim como a energia fóssil, vem de um recurso não renovável: o minério de urânio, que existe em pequena quantidade e precisa ser extraído e processado antes de ser utilizado nas centrais nucleares. Devido à escala enorme das usinas nucleares e dos muitos problemas de segurança, a energia nuclear custa caro para ser explorada e cria grande quantidade de resíduos perigosos, com os quais ainda não sabemos o que fazer.

A energia limpa renovável do vento, do sol e das marés é algo que não vai se esgotar e que não polui, e existem diversas tecnologias diferentes, tanto novas quanto antigas, que vêm sendo usadas para aproveitar essa energia verde. Cada uma delas apresenta suas vantagens e seus problemas próprios, e todas terão de ser usadas em conjunto para fornecer eletricidade no futuro.

Energia do sol

Já vimos como o calor do sol pode ser empregado para nos fornecer água quente. Células fotovoltaicas solares são feitas de semicondutores que convertem a energia da luz diretamente em eletricidade. Elas não possuem partes móveis, de modo que sua manutenção é muito fácil, e podem ser integradas em construções para fornecer energia local.

Nas regiões mais ensolaradas do mundo, como a Califórnia, grandes parques solares estão sendo usados para produzir tanta eletricidade quanto uma usina elétrica convencional, e, nas regiões em que a ligação com a rede elétrica é difícil, a energia solar muitas vezes é a maneira mais barata de gerar eletricidade. A energia solar possui muitas vantagens, mas sua desvantagem óbvia é que ela só pode ser gerada durante o dia.

Energia do vento

A energia eólica é uma das formas mais antigas de energia renovável usada pelo homem. Veleiros vêm sendo movidos pelo vento há milhares de anos, e moinhos de vento são usados há séculos.

As turbinas de vento que geram eletricidade variam de minúsculas máquinas de 1kW em casas e trailers até enormes turbinas de 3MW situadas em alto-mar. A energia eólica é uma indústria em rápido crescimento. Mais de 25 mil MW de capacidade já estão instalados em todo o mundo, mas essa é apenas uma fração do potencial desse recurso renovável.

Tal como a energia solar, a quantidade de energia gerada a partir do vento varia segundo as condições do tempo, mas, como a velocidade do vento pode ser prevista pela meteorologia, a energia eólica é uma contribuição muito útil para a matriz geradora de eletricidade.

Energia da água

Esta vem em muitas formas, incluindo a energia contida na água que quer descer pelo relevo, a energia contida em água que flui rapidamente e nas ondas do mar.

A hidreletricidade foi desenvolvida no século 20, quando muitos rios no mundo receberam barragens para gerar energia. A gigantesca Represa Hoover, nos EUA, foi construída nos anos 1930 no rio Colorado e é capaz de gerar 2 mil MW de energia, fornecendo eletricidade às residências de Arizona, Nevada e Califórnia.

A grande vantagem da energia hidrelétrica é que ela pode ser ligada ou desligada, dependendo da demanda. Mas as grandes barragens causam muitos prejuízos ambientais, de modo que construir mais unidades não é boa idéia.

A energia das marés utiliza o subir e o descer das marés, pelo efeito da gravidade do Sol e da Lua. A energia é gerada quando, na maré alta, a água é represada atrás de uma barragem ou em lagoas. Em seguida, permite-se que ela flua através de turbinas, na maré baixa, para gerar eletricidade.

As correntes rápidas das marés também podem ser aproveitadas com turbinas submarinas, mas essa tecnologia ainda se encontra em fase inicial de desenvolvimento.

As ondas são uma fonte gratuita e infinita de energia gerada pelos ventos que sopram sobre a superfície do oceano. Trata-se de uma forma mais concentrada de energia renovável, mas praticamente não foi explorada até agora.

Diversos tipos de turbina de vento podem aproveitar essa energia para produzir eletricidade na costa, onde as ondas quebram, ou em águas mais profundas e distantes do litoral. As turbinas de ondas litorâneas são ideais para quebra-mares contra os quais as ondas se chocam. Elas funcionam fazendo as ondas empurrarem ar dentro de câmeras estreitas, movendo turbinas.

Outros artefatos que fazem uso das ondas ficam sobre a superfície do mar e se inclinam com a passagem das ondas, gerando eletricidade com a energia hidráulica do movimento de suas articulações (veja imagem abaixo). As primeiras grandes usinas de energia de ondas usando essa tecnologia estão sendo construídas em Portugal e na Escócia.

Biomassa

É possível gerar energia renovável com a queima de materiais orgânicos, como madeira, palha, bagaço ou detritos animais. O processo gera baixo nível de emissões de carbono porque os materiais queimados foram cultivados recentemente, então o dióxido de carbono que liberam não se soma ao nível total de carbono presente na atmosfera, uma vez que as plantas envolvidas, ao crescer, retiram dela o dióxido de carbono consumido na fotossíntese.

O melhor emprego da biomassa ocorre quando o material queimado é realmente um resíduo que, de outro modo, seria destinado ao aterro sanitário. Desde 1998, uma usina elétrica movida por excrementos de aves criadas em fazendas vizinhas vem gerando eletricidade para a cidade de Thetford, em Norfolk, na Inglaterra, mostrando ser um útil acréscimo à geração elétrica local. Mas, devido ao efeito que isso teria sobre a produção de alimentos, não é boa idéia dedicar grandes extensões de terra arável ao cultivo de plantações destinadas unicamente a ser queimadas em usinas elétricas. Queimar materiais que poderiam ser usados para outros fins ou reciclados para formar novos produtos representa uma má utilização da biomassa e, em última análise, um desperdício de energia.

Uma vantagem da escala menor da energia obtida de biomassa é que ela pode ser localizada em lugares em que o calor produzido de resíduos possa ser empregado para aquecer casas e empresas próximas. Com as grandes usinas elétricas, geralmente situadas no meio do nada, esse calor simplesmente é solto na atmosfera, sendo desperdiçado. Usinas menores e locais, que combinam a produção de energia e calor, fazem um uso muito mais eficiente do combustível e são muito melhores para o planeta.

Em casa, a biomassa é mais apropriada para fornecer calor através de um aquecedor ou fogão alimentado a pelotas de madeira. Veja mais detalhes na seção sobre aquecimento.

37 ELETRICIDADE MAIS VERDE

Na Europa é possível ajudar a incentivar os investimentos em energia eólica, solar, das ondas e das marés optando por pagar energia mais ecológica diretamente à companhia distribuidora. A melhor política, tal como aplicada na Alemanha e em muitos outros países, é a que garante às pessoas e empresas que geram energia renovável um pagamento maior no mercado de eletricidade. Ao garantir isso, o governo ajuda a converter painéis solares e turbinas de vento em bons investimentos, o que leva a seu aumento maciço em poucos anos.

No Reino Unido, o governo adotou uma política diferente, conhecida como "Obrigação de Renováveis", pela qual as companhias de eletricidade eram obrigadas a comprar certa parcela de sua eletricidade de geradores renováveis. Com isso, as empresas puderam criar tarifas "verdes", simplesmente transferindo para esses clientes a energia renovável que iriam adquirir de qualquer maneira, sem gerar qualquer capacidade adicional.

No Brasil, ainda estão sendo estudadas propostas para tratar dessas questões.

GERE SUA ELETRICIDADE 38

Para prover nossas necessidades elétricas no futuro serão necessários projetos de energia verde em grande e pequena escala. Ao gerar energia renovável em casa, você pode reduzir suas contas, ajudar a apoiar uma indústria nova e reduzir suas emissões de carbono.

Cada casa demanda um tipo diferente de tecnologia, e a melhor opção para você vai depender de onde você vive, além da estrutura de sua casa; logo, procure o conselho de um especialista antes de adquirir seu *kit*. Os sistemas de energia renovável que já foram usados com sucesso em residências incluem painéis solares, turbinas de vento colocadas sobre telhados, aquecedores movidos a pelotas de lenha e bombas de calor enterradas ou aéreas.

No Reino Unido, a Fundação de Economia Energética e o Programa de Construções de Baixo Carbono podem ajudar a encontrar auxílio especializado e financeiro. Para ter uma referência sobre o assunto, visite os sites (em inglês) dessas organizações:
www.energysavingtrust.org.uk
www.lowcarbonbuildings.org.uk

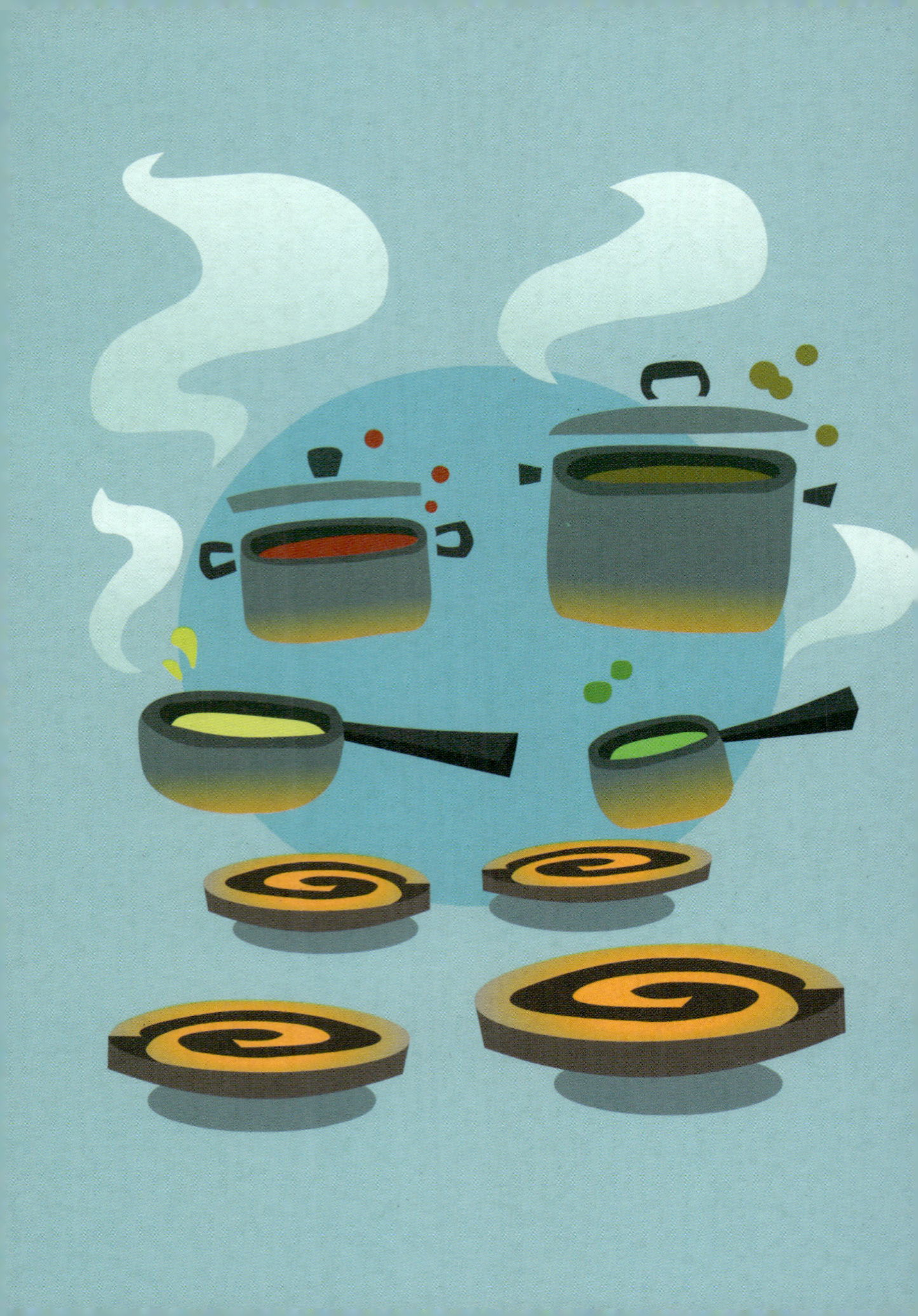

POUPANDO ENERGIA NA COZINHA

Como no Brasil até 30% da eletricidade doméstica é usada na cozinha, onde "vivem" alguns dos eletrodomésticos que mais consomem energia, este é um ótimo lugar para procurar idéias de como poupá-la.

Existem várias maneiras de poupar energia quando se preparam os alimentos, e você pode fazer muito mais do que simplesmente comprar máquinas de classificação A para reduzir o impacto energético de aparelhos como geladeiras e freezers.

39 POUPE NA COZINHA

O preparo dos alimentos é responsável por entre 6% e 8% de nosso consumo energético doméstico total. Fogões e fornos abrangem metade desse consumo.

O restante da energia é gasto por torradeiras, fornos de microondas e os cortadores, liquidificadores e grelhas que gostamos de acumular, queiramos ou não. Quantas pessoas ainda estarão usando os multiprocessadores que ganharam no Natal do ano passado?

Como cozinhar consome a maior parte da energia gasta na cozinha, seguem algumas medidas simples para reduzir o desperdício ao mínimo.

- Utilize a panela do tamanho adequado ao alimento que será preparado e a boca de tamanho adequado ao fogão.

- Tampe as panelas para acelerar o cozimento, poupando energia. Com uma tampa que fecha bem é possível abaixar bem o fogo.

- Não encha a panela com líquido em excesso; coloque o suficiente para cobrir o alimento, especialmente se você utiliza tampa, que capta a água evaporada.

- Em vez de aquecer água numa panela, use a chaleira. Só não se deve fazer isso ao ferver ovos tirados diretamente da geladeira, que podem rachar ao entrar em contato com a água fervente.

- Coloque na chaleira apenas a quantidade de água de que precisa no momento.

- Macarrão pode ser cozido em fogo baixo. Coloque o macarrão na água fervente, faça-o voltar à fervura e depois reduza o fogo. Após o tempo normal de cozimento, o macarrão deve estar pronto para ser consumido.

40 O VALOR DO MICROONDAS

Hoje em dia, quase todos temos forno de microondas em nossas cozinhas. Ele pode consumir muito menos energia que o forno convencional porque, diferentemente deste, as ondas aquecem apenas o alimento, e não o forno inteiro.

Os microondas são ótimos para o aquecimento rápido de um prato ou uma xícara de chocolate quente antes de dormir. Neles também é possível cozinhar legumes "no vapor" (use pouca água e uma tampa que caiba bem). Pudins feitos em banho-maria podem levar horas para ficar prontos numa panela, mas apenas alguns minutos no forno de microondas.

Uma maneira muito boa de aproveitar o microondas é o preparo de batatas assadas. Uma passagem prévia no microondas reduz drasticamente o tempo necessário para ficarem prontas, mas, se você quiser batatas com a casca crocante e deliciosa, terá que colocá-las no forno convencional nos 20 minutos finais.

Mas cozinhar com o microondas encerra riscos para quem compra muitos pratos prontos. Um prato pronto adquirido no supermercado pode passar apenas cinco minutos em seu microondas, mas representa muita energia total.

O prato pronto é feito com ingredientes trazidos de todas as partes do mundo. É cozido numa fábrica, depois congelado, embalado em várias camadas (as embalagens também precisam ser transportadas até a fábrica), levado de caminhão até o supermercado e só então, no final, chega à sua casa de carro, ônibus ou bicicleta, para ser rapidamente reaquecido no microondas.

Em comparação, uma refeição preparada em casa com legumes frescos de origem local (que terão consumido um mínimo de combustíveis fósseis em seu cultivo e transporte) gastará menos energia total, mesmo que você a asse no forno por uma hora.

E, é claro, a comida fresca costuma ser muito mais saudável que refeições prontas, processadas e excessivamente salgadas.

41 | APARELHOS CLASSE A

As classificações de consumo energético, como o selo Procel no Brasil, são feitas com base nos padrões de uso mais ecológico dos aparelhos, que nem sempre representam a realidade do nosso cotidiano. Os automóveis são testados numa esteira rolante que simula uma situação em que são conduzidos com muita sensatez. É bastante difícil conseguir a mesma quilometragem na vida real.

Eletrodomésticos "frios"

Geladeiras e *freezers*, especialmente, podem virar devoradores de energia se não forem bem usados e não tiverem a manutenção correta. Veja as seguintes dicas para manter suas máquinas tão ecológicas quanto indica um selo Procel da classe A:

- Compre um aparelho do tamanho necessário.
- Mantenha geladeira e *freezer* longe do forno e outros tipos de aquecedor, para que não precisem trabalhar mais que o necessário.
- Mantenha o *freezer* o mais cheio possível, mas livre a geladeira regularmente de alimentos velhos.
- Nunca coloque alimentos quentes numa geladeira ou *freezer*.
- Descongele regularmente a geladeira e o *freezer*.
- Tire o pó das bobinas do condensador na parte de trás de sua geladeira, para que ela possa irradiar o calor rapidamente.
- Verifique se a porta da geladeira fecha bem. Uma folha de papel deve ficar presa na porta, mesmo que você a puxe levemente. Se seu aparelho forma gelo, o problema pode estar na vedação.

Eletrodomésticos "úmidos"

A classificação energética de sua lavadora de roupas é feita com base no ciclo de lavagem mais eficiente. Esse programa pode demorar um pouco mais para terminar, mas esperar mais 20 minutos para sua roupa ser lavada não costuma ser problema. Use-o sempre que possível; você estará aproveitando ao máximo sua lavadora ecológica.

Os resultados do teste também são baseados numa lavagem feita com a carga completa de roupas. Embora seu instinto possa ser deixar espaço para que as roupas possam "respirar", é muito melhor empilhá-las até a boca. De qualquer maneira, elas perderão volume assim que se molharem.

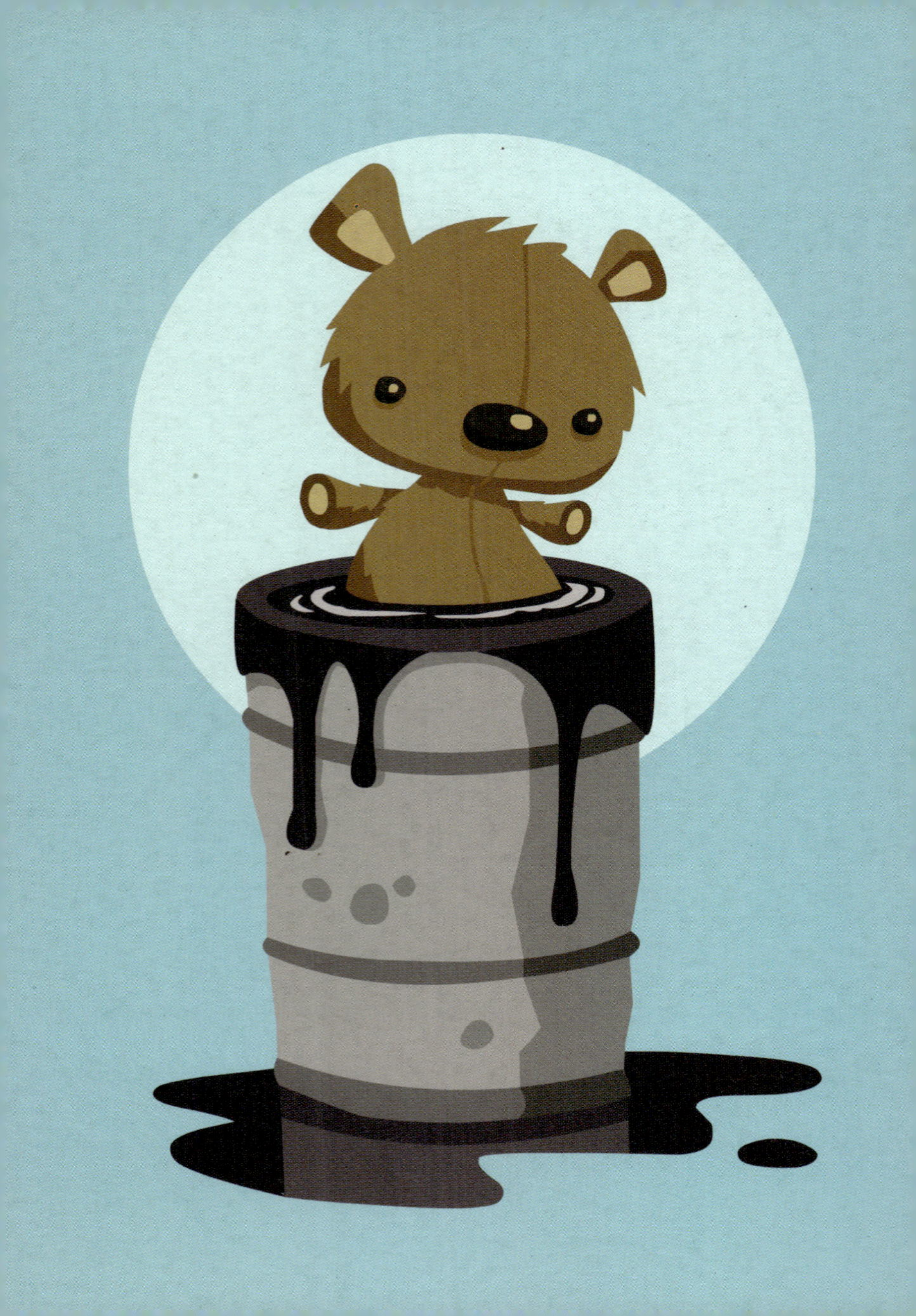

ENERGIA EMBUTIDA

Quase tudo possui um custo energético. Quando procuramos viver de maneira mais verde, ou ecológica, tendemos a nos preocupar mais com as atividades que consomem combustível diretamente, como o deslocamento ou a refrigeração. Mas as coisas que adquirimos também contribuem para as mudanças climáticas de maneira indireta.

O impacto climático das coisas que compramos depende de três fatores:
- A energia empregada em sua fabricação (que vem da extração e do processamento de matérias-primas e da manufatura);
- A energia usada em seu transporte da fábrica para a loja;
- A energia que elas consomem em seu funcionamento.

No caso do automóvel, a energia empregada em sua manufatura é apenas uma parte pequena de sua emissão total de carbono, composta principalmente do combustível queimado quando está em uso. Do mesmo modo, muito mais energia é consumida com a lavagem e a secagem de uma peça de roupa ao longo de sua vida do que com sua produção.

Para outros bens, porém, como móveis, brinquedos, livros e materiais de construção, a maior fonte de emissões de carbono é a energia incorporada neles. Muitos produtos são comercializados internacionalmente, e as emissões de carbono embutidas não aparecem nos inventários dos países para onde os produtos vão. Se isso fosse feito, os lugares que compram a maioria dos bens manufaturados teriam emissões registradas muito maiores, enquanto países como a China, onde muitos produtos são fabricados, teriam emissões menores.

Assim, mesmo que isso não poupe dinheiro nas suas contas de energia ou ajude o governo a alcançar suas metas, reduzir a energia embutida nos artigos que você compra é outra maneira importante de poupar energia. Para isso, você pode fazer os objetos durarem mais tempo, comprar produtos reciclados e escolher produtos feitos de materiais com baixo índice de energia embutida.

42 OS TRÊS Rs

Evitar produtos feitos de matérias-primas novas ajuda a reduzir as emissões de carbono. A maneira mais simples de manter esses princípios básicos em mente é prestar atenção aos "três Rs".

Reforme
Faça seus objetivos durarem mais tempo consertando-os. Trocar a sola de seus sapatos regularmente para conservá-los em boas condições não apenas poupa recursos, mas também o tempo levado para "amaciar" calçados novos. No meu caso, as quebras catastróficas de saltos geralmente ocorrem justamente quando um par de sapatos ficou confortável.

Reutilize
Procure móveis de segunda mão e de alta qualidade em mercados e leilões de mobília de *design* clássico do século 20. Roupas *vintage* e de segunda mão podem representar pechinchas com elegância, além de baixo consumo energético, e o número de estilistas que produzem roupas e calçados de materiais reciclados cresce cada vez mais.

Recicle
Quando os produtos tiverem realmente ultrapassado seu prazo de validade, coloque-os no recipiente dos recicláveis, para que as matérias-primas possam ser reutilizadas. Cada tonelada de vidro reciclado que substitui vidro novo evita a emissão de mais de 300 kg de dióxido de carbono.

COMPRAS SEM CARBONO 43

A energia embutida na maioria dos produtos não aparece em seus rótulos e pode ser difícil de calcular. Mas existem maneiras de prestar atenção a isso. Veja algumas dicas:

• Materiais reciclados ou reutilizados contêm uma pequena fração da energia embutida em materiais novos.

• Produtos criados para durar muito tempo e que são reutilizados consomem muito menos energia que os descartáveis.

• A melhor opção são produtos de fabricação local, que reduzem a energia usada para transporte até as lojas. Essa redução tem impacto maior no caso de artigos pesados, como líquidos.

• Artigos feitos de metal possuem alto teor de energia embutida, devido às altas temperaturas necessárias para extrair o metal do minério e depois convertê-lo em chapas, lâminas e vigas.

• A energia embutida na madeira é bem menor, mas desde que a madeira não seja de reflorestamento nem explorada de maneira sustentável.

A energia embutida em nossos alimentos também causa muitas emissões de carbono. Veja a seção sobre economia de água para mais informações sobre como reduzir o impacto ambiental de nossa alimentação.

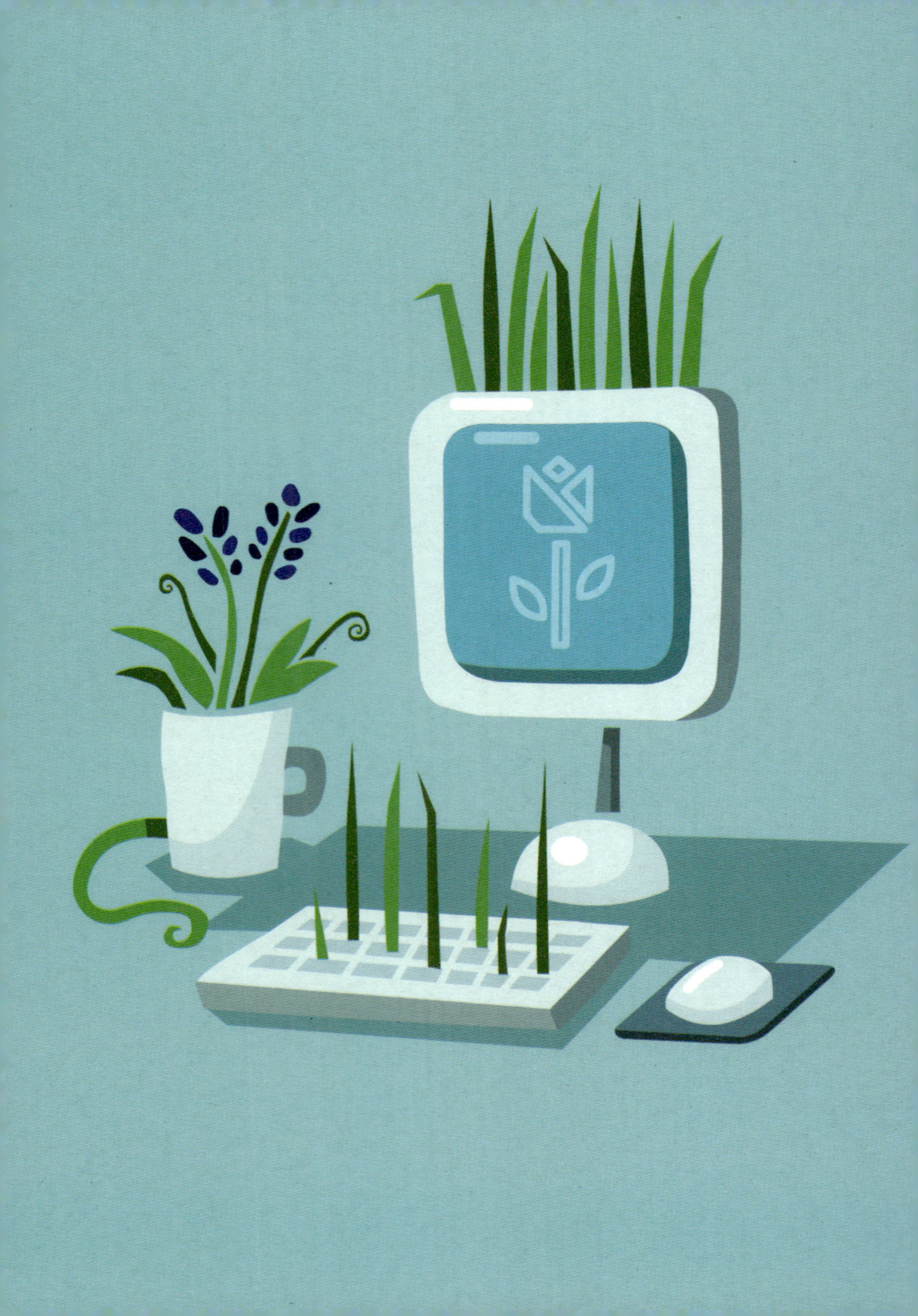

POUPAR ENERGIA NO TRABALHO

Os locais de trabalho podem causar enorme desperdício de recursos naturais mundiais. O meio ambiente nem sempre é prioridade para executivos e empresários superocupados, e muitas oportunidades de poupar energia deixam de ser aproveitadas porque as pessoas pensam que isso não é responsabilidade delas.

Se você for o chefe, encontrar tempo para introduzir medidas para reduzir o consumo energético de sua empresa é algo que vale a pena e pode lhe poupar muito dinheiro.

Ser visto como ecologicamente correto também é algo que faz sentido em termos comerciais. Hoje, quando cada vez mais clientes e consumidores têm consciência ecológica, contar com uma política ambiental a incluir no relatório anual de sua empresa (desde que ela tenha credenciais ecológicas reais) pode ajudar a conquistar novos negócios e causar boa impressão em seus clientes.

Se não é você que está no comando, propor uma iniciativa ecológica e medidas de economia de energia pode ajudar sua carreira, além do meio ambiente. É positivo ser uma das pessoas que possibilitam à empresa melhorar sua imagem e poupar dinheiro nas contas de eletricidade.

Em sua própria mesa de trabalho, programe seu computador para poupar energia, do mesmo modo como faz com seu computador doméstico (veja dica 36). Se a firma tiver um departamento de informática, peça que este circule entre seus colegas um memorando pedindo que façam o mesmo. Se não houver departamento de informática ou este não tiver tempo, por que não oferecer-se para escrever o memorando?

Usar um pouco de pensamento positivo para ser mais verde, ou ecológico, no local de trabalho é uma atitude vantajosa para todos os envolvidos!

44 AUDITORIA ENERGÉTICA

A organização Carbon Trust foi criada pelo governo britânico para ajudar as empresas a reduzir suas emissões de carbono. Ela realiza auditorias energéticas detalhadas e gratuitas para qualquer empresa britânica cujas contas de energia sejam superiores a 50 mil libras anuais (o equivalente a mais de 150 mil reais), e seus especialistas poderão sugerir uma grande gama de ações de baixo custo a serem empreendidas.

No caso das empresas menores, o site do Carbon Trust possui várias ferramentas online para ajudar a avaliar o consumo e montar um plano de ação para economizar energia. Sua ferramenta de comparações também mostra como a empresa se posiciona diante de outras com dimensões e tipos semelhantes, para que ela possa saber como está se saindo. O site também fornece avisos e adesivos para espalhar no local de trabalho e lembrar aos funcionários que devem desligar tudo. O escritório britânico médio desperdiça 6 mil libras por ano (quase 20 mil reais) simplesmente com equipamentos que ficam ligados fora dos horários de funcionamento; logo, alguns lembretes espalhados pela firma podem resultar numa economia importante.

Esse exemplo pode ser uma boa referência para empresas brasileiras. Mas não se esqueça de levar em conta o transporte das pessoas até a empresa. Será que sua firma poderia investir em tecnologia para videoconferências, poupando dinheiro em passagens de avião e deixando de emitir quantidades enormes de carbono?

A oferta de incentivos para que os funcionários usem bicicleta ou transporte público para chegar ao trabalho é uma ótima maneira de difundir a mensagem ecológica. No caso das viagens a negócios, por que não sugerir que as despesas sejam pagas por quilômetro, qualquer que seja o meio de transporte utilizado, para que pessoas que pedem reembolso de despesas para ir a reuniões possam fazê-lo mesmo que cheguem ao local da reunião de trem ou bicicleta?

45 COPIADORAS/ IMPRESSORAS

As impressoras e fotocopiadoras a laser usam temperaturas altas para fixar a tinta, depois de ela ter sido transferida ao papel. Quando são deixadas em modo pronto para imprimir, essas máquinas consomem muita energia para se conservarem quentes.

Pelo fato de impressoras e fotocopiadoras normalmente serem usadas por vários funcionários, ninguém se responsabiliza por desligá-las, e elas acabam ficando ligadas 24 horas.

A maneira mais simples de assegurar que essas máquinas não continuem a devorar energia depois de todos voltarem para casa é deixar um aviso em destaque ao lado de cada uma.

Algo como "se você for a última pessoa a sair e não for mais copiar nada, desligue-me!" deve ajudar a reduzir a incidência futura de esquecimentos.

Outras maneiras de reduzir a energia gasta com impressão (além de economizar papel) são:
- Incentivar os funcionários a acrescentar a seus e-mails uma nota de rodapé dizendo "por favor, só imprima este e-mail se for absolutamente necessário".
- Em lugar de uma impressora sobre cada mesa, instalar aparelhos de impressora, fax e fotocopiadora para cada dez funcionários, mais ou menos. O pequeno deslocamento necessário para buscar um documento impresso reduzirá a tentação de imprimir tudo o que chega e, no final do dia, restará apenas uma máquina a ser desligada.

ILUMINAÇÃO ECONÔMICA 46

Por razões de saúde e segurança, os locais de trabalho precisam ser bem iluminados e conter muitas lâmpadas; logo, não há desculpa para deixar de usar lâmpadas fluorescentes, do tipo que poupa energia, para iluminar o escritório, a oficina ou a fábrica. Essas lâmpadas economizam uma fortuna em manutenção e contas de luz.

Se sua estação de trabalho for um pouco escura e você precisar de uma iluminação extra em sua mesa, pequenas lâmpadas de LED podem representar um bom investimento. Elas consomem quantidades minúsculas de eletricidade e são ideais para essa finalidade.

47 NEM QUENTE NEM FRIO

Se seu escritório tiver um dispositivo para ajustar o ar-condicionado, verifique se está correto para a estação, nem quente nem frio demais. Se todo mundo estiver de casaco e tremendo de frio no meio do verão, é sinal de que é preciso fazer um ajuste.

Um local de trabalho sem ar-condicionado pode ficar muito quente no verão. É possível abrir janelas estrategicamente para aumentar o fluxo de ar, sem gerar rajadas de vento que causem incômodos. Deixar um pequeno espaço aberto na parte superior e inferior de uma janela corrediça poderá fazer uma diferença real à temperatura.

Outros locais de trabalho apresentam problemas diferentes. Uma oficina mecânica ou outra pode passar parte do tempo aberta e ficar muito fria no inverno. Em lugar de aquecer o ambiente inteiro com gás, lâmpadas direcionais infravermelhas podem aquecer justamente os lugares em que há pessoas trabalhando, poupando com isso algum desperdício de energia.

PLANOS DE LONGO PRAZO 48

Algumas medidas de economia energética, como a troca de luminárias e a instalação de vidros duplos nas janelas, só podem ser tomadas quando o local de trabalho passa por reformas.

Quando essas oportunidades surgem, garanta que a economia de energia seja uma prioridade, incentivando seu chefe a pôr no papel uma estratégia de longo prazo para a economia de energia e a redução de emissões de dióxido de carbono na empresa.

Esse documento fornecerá uma boa argumentação quando as pessoas perguntarem o que a empresa está fazendo para beneficiar o meio ambiente. Além disso, registrar as metas de economia energética ajudará a garantir que esses fatores sejam levados em conta quando se estudam reformas e novos contratos de fornecimento.

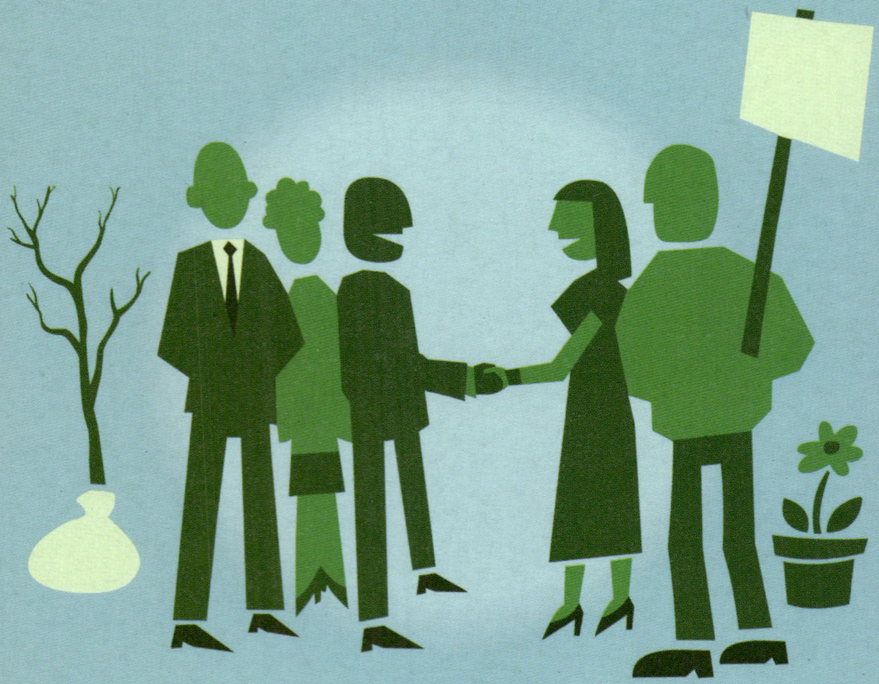

POUPANDO ENERGIA COLETIVAMENTE

Juntar-se a outras pessoas para organizar e promover ganhos de energia, desde os simples até os mais complexos, pode ser muito mais eficaz do que esforçar-se por conta própria. As economias realmente aumentam quando todos se apóiam mutuamente, sem falar que o esforço coletivo é divertido.

49 UMA RUA DE CADA VEZ

Faz muito sentido iniciar uma obra para aperfeiçoar sua casa junto com outras pessoas da rua.

Os operários que precisam deslocar-se até sua rua, montar equipamentos ou andaimes e encomendar peças poderão poupar muito em mão-de-obra se puderem trabalhar em mais de uma casa ao mesmo tempo. Se for possível obter vários orçamentos para vários trabalhos, talvez você consiga bons descontos.

Se as casas em sua rua têm telhados voltados para o norte e você acha que um sistema de aquecimento solar seria viável para a sua, provavelmente será uma opção de baixo custo para as outras casas, também. Em lugar de fazer a mudança sozinho, uma boa pedida é solicitar de uma firma respeitada uma apresentação de seus produtos de aquecimento solar de água e convidar seus vizinhos para assistir.

Com vários fregueses potenciais, provavelmente será possível encontrar uma boa firma que se disponha a fazer esse esforço. E, mesmo que nem todos os vizinhos queiram seguir seu exemplo, consultá-los e envolvê-los em sua reforma ecológica vai facilitar muito a vida de todos.

TODA A CIDADE ENVOLVIDA 50

A pequena Ashton Hayes, no condado de Cheshire, é famosa por ter como meta tornar-se a primeira cidade neutra em carbono na Inglaterra. Começando em 2006 com uma reunião aberta à população, seus moradores traçaram planos ambiciosos para combater o desperdício de energia em todos os aspectos da vida do povoado e para que todos apoiassem os esforços de poupar energia e gerar energia verde localmente. Até agora, os habitantes já fizeram o seguinte:

- Recolheram dados de cada casa no vilarejo para calcular sua emissão de carbono inicial (ligeiramente acima da média).
- Traçaram planos e conseguiram verbas para a construção de um novo caminho de pedestres (mais seguro) até a estação ferroviária, para incentivar os moradores a deixarem seus carros em casa.
- Obtiveram autorização para a construção de uma turbina de vento na escola local.

Vários conjuntos de painéis solares de água foram montados nos telhados de casas da cidade. Os moradores incentivam seus vizinhos a visitá-los e ver como os painéis estão funcionando.

O *pub* local também pretende chegar a ser neutro em carbono. Para começar, está recorrendo a ingredientes locais na criação dos pratos que serve, mudou sua fonte de eletricidade e planeja instalar aquecimento solar de água.

Acompanhe o progresso de Ashton Hayes no site www.goingcarbonneutral.co.uk e inspire-se.

MAIS INFORMAÇÕES

POUPAR ÁGUA

Higiene pessoal
O site da Sabesp tem dicas de como economizar água em casa, instruções para detectar vazamentos e informações sobre reuso de água.
www.sabesp.com.br

Em várias cidades brasileiras está se tornando obrigatória a instalação de hidrômetros (medidores de água) individuais para apartamentos, o que costuma reduzir a conta de água. Consulte a prefeitura de sua cidade ou a empresa de saneamento local para saber se seu prédio precisará se adaptar.

As fabricantes de metais sanitários Hydra e Docol têm válvulas de descarga com acionamento duplo (com um botão que gasta só metade da água), e a Hydra tem um modelo que gasta um volume fixo de água mesmo quando é mantida pressionada.
www.valvulahydra.com.br
www.docol.com.br

Reduza o desperdício da água
Reduzir nossa produção de lixo ajuda a economizar a água oculta nas coisas que consumimos. O site Rota da Reciclagem, mantido pela empresa TetraPak, possui um serviço em que o usuário insere seu endereço e recebe informações sobre a localização dos pontos mais próximos que realizam coleta de embalagens longa-vida e outros materiais recicláveis.
www.rotadareciclagem.com.br

O Compromisso Empresarial para Reciclagem (Cempre) é uma associação que agrega informações sobre reciclagem formada por companhias de alimentos e produtos de consumo atuantes no Brasil. O site da Cempre possui um cadastro detalhado de cooperativas e empresas que coletam e reciclam materiais em todo o país, além de fichas técnicas a respeito de resíduos recicláveis.
www.cempre.tecnologia.ws

A Associação Brasileira de Embalagens tem em seu site informações sobre o programa de embalagens sustentáveis e estatísticas sobre reciclagem no Brasil.
www.abre.org.br/meio_ambiente

SEJA MAIS VEGETARIANO

O site da Sociedade Vegetariana Brasileira (SVB) traz uma seção com receitas, além de informações a respeito de encontros e congressos sobre vegetarianismo e direitos dos animais. Além disso, o site possui uma loja online com livros de receitas e outros assuntos relacionados.
www.svb.org.br

O site vegetarianismo.com.br possui um guia de restaurantes e outros estabelecimentos vegetarianos no Brasil divididos por estado. Além disso, possui um acervo de mais de 150 receitas vegetarianas.
www.vegetarianismo.com.br

O site da Revista dos Vegetarianos possui uma lista abrangente de restaurantes vegetarianos em todo o Brasil divididos por estado. No site abaixo, entre no link da revista.
http://www.europanet.com.br

Em inglês
A Sociedade Vegetariana oferece várias dicas para ajudá-lo a consumir menos carne, além de diversas receitas ótimas.
www.vegsoc.org

O arquivo de receitas da BBC Food possui muitas ótimas receitas vegetarianas e veganas.
www.bbc.co.uk/food

O site Savvy Vegetarian oferece idéias muito boas para refeições que vão agradar às crianças.
www.savvyvegetarian.com

CRIE UM TELHADO VIVO

Em inglês
O site Living Roofs traz quase tudo o que você precisa saber sobre a construção de um telhado verde.
www.livingroofs.org

Descubra mais sobre os benefícios do verde nas cidades e como aproveitar ao máximo o verde em sua casa e em volta dela no relatório "Construindo Verde", do grupo Estratégia de Biodiversidade da Assembléia de Londres.
www.london.gov.uk/mayor/strategies/biodiversity

POUPAR ENERGIA

Isolamento térmico residencial
O site Casa Eficiente, da Universidade Federal de Santa Catarina (UFSC) e da Eletrosul, traz informações sobre um projeto de casa-modelo em eficiência energética e conforto ambiental. É possível fazer uma visita virtual aos cômodos da casa.
www.eletrosul.gov.br/casaeficiente

O Conselho Brasileiro de Construção Sustentável (CBCS) tem em seu site publicações, artigos técnicos e manuais para construtores interessados em boas práticas de construção civil.
www.cbcs.org.br

Em inglês
A Associação Nacional de Isolamento Térmico possui muitas informações sobre como aumentar a capacidade de retenção de calor de sua casa.
www.nationalinsulationassociation.org.uk

A Associação de Construção Sustentável possui listas de informações sobre questões relacionadas à construção ecológica e à manutenção.
www.aecb.net

George Marshall, da Rede de Informação e Difusão Climática, vem há alguns anos convertendo uma casa comum em Oxford numa residência ecológica. Leia o relato e obtenha muitas informações úteis em seu site.
www.theyellowhouse.org.uk

Poupar eletricidade

O site do Inmetro tem tabelas de consumo e eficiência energética de alguns dos maiores "vilões" do gasto de energia em casa, como aquecedor de água, chuveiro elétrico, máquina de lavar roupa e ar-condicionado. Também há informações sobre o programa de etiquetagem; vários produtos têm etiquetas com uma classificação de A a G, do mais eficiente ao menos eficiente.
www.inmetro.gov.br (Entre em "Informações ao consumidor" e "Tabelas de consumo")

O Programa Nacional de Conservação de Energia Elétrica (Procel) tem em seu site dicas para economizar energia e também sobre o Selo Procel, dado aos eletrodomésticos de maior eficiência energética.
www.eletrobras.com/procel

O Programa de Incentivo às Fontes Alternativas de Energia Elétrica (Proinfa) do Ministério de Minas e Energia tem a meta de aumentar a capacidade de geração de energia por fontes alternativas, como eólica, pequenas centrais hidrelétricas e biomassa.
www.mme.gov.br (Entre em "Programas" "Proinfa")

O Centro de Referência para Energia Solar e Eólica (Cresesb) tem informações sobre a tecnologia de energia eólica e solar e uma listagem de empresas e instituições ligadas ao setor de energia renovável.
www.cresesb.cepel.br

A Heliodinâmica é a única empresa nacional que produz sistemas de energia solar fotovoltaica. A empresa vende *kits* para sistemas autônomos de geração de energia.
www.heliodinamica.com.br

A Wobben Windpower é a única fabricante nacional de aerogeradores de grande porte e opera 13 usinas eólicas no Brasil.
www.wobben.com.br

Poupar energia no trabalho

O Instituto Ethos orienta empresas sobre responsabilidade social, e seu site tem dicas para as empresas reduzirem seu impacto sobre o ambiente.
www.ethos.org.br

Em inglês
O Carbon Trust ajuda empresas a reduzir seu impacto sobre o clima.
www.carbontrust.co.uk

Poupar energia coletivamente
A cidade de Ashton Hayes criou um site e um blog para registrar seus esforços para tornar-se a primeira cidade neutra em carbono na Inglaterra.
www.goingcarbonneutral.co.uk

Compras ecológicas
O Portal Orgânico tem uma lista de produtores que entregam cestas de produtos orgânicos e de feiras livres de produtos orgânicos em várias cidades do Brasil.
www.portalorganico.com.br

A rede de produtos para casa e decoração Tok & Stok tem alguns produtos de madeira certificada e outros produzidos em projetos ecossociais.
www.tokstok.com.br

O site Catálogo Sustentável, do Centro de Estudos em Sustentabilidade da Escola de Administração de Empresas de São Paulo da Fundação Getúlio Vargas (Gvces), tem uma busca de produtos sustentáveis para casa, construção e outros.
www.catalogosustentavel.com.br

O site Moda Almanaque tem um guia de brechós em São Paulo, Rio de Janeiro, Belo Horizonte e Porto Alegre.
www.uol.com.br/modaalmanaque/destaques/estilo_brechos_guia.htm

A seção de "Coisas da casa" do site How Stuff Works tem um bom guia com dicas básicas de costura e pequenos reparos de roupas, instruções para tirar manchas de quase tudo e dicas para consertar e manter objetos da casa.
casa.hsw.uol.com.br/dicas-de-costura.htm

(Todos os sites foram consultados em outubro de 2008.)